BIBLIOTHÈQUE
DES MERVEILLES

PUBLIÉE SOUS LA DIRECTION

DE M. ÉDOUARD CHARTON

LES

GRANDES CHASSES

PARIS. — IMP. SIMON RAÇON ET COMP., RUE D'ERFURTH, 1.

BIBLIOTHÈQUE DES MERVEILLES

LES
GRANDES CHASSES

PAR

VICTOR MEUNIER

DEUXIÈME ÉDITION

OUVRAGE ILLUSTRÉ DE 38 VIGNETTES
PAR LANÇON, MELVILLE, ETC.

PARIS

LIBRAIRIE DE L. HACHETTE ET Cie

BOULEVARD SAINT-GERMAIN, N° 77

1869

LES GRANDES CHASSES

LE GORILLE

I Récits de voyageurs.

Depuis trois siècles le bruit courait qu'il existe sur
la côte occidentale d'Afrique, au nord et au sud de
l'équateur, un singe d'une force extrême, d'une taille

gigantesque, le plus grand et le plus redoutable de tous : le roi des forêts africaines.

Voyons ce qu'en racontaient les voyageurs :

Au commencement du dix-septième siècle, Andrew Battel, qui avait été longtemps prisonnier des Portugais, à Angola, décrivait sous le nom de *Pongo* un singe « semblable à l'homme dans toutes ses proportions, mais plus grand, grand comme un géant, et si fort que dix hommes ne suffiraient pas pour en dompter un seul. »

« Il a une face humaine, disait Battel, les yeux enfoncés, de longs cheveux aux côtés de la tête, le visage nu aussi bien que les oreilles et les mains, le corps légèrement velu ; son poil est d'un brun foncé. Il ne diffère de nous à l'extérieur que parce qu'il n'a que peu ou point de mollets. Cependant il marche debout, en tenant ses mains croisées derrière le cou. Il dort sur les arbres, se construit un abri contre le soleil et la pluie, vit de fruits, et ne peut parler, quoiqu'il ait plus d'entendement que les autres animaux. Quand les voyageurs abandonnent, le matin venu, le feu qu'ils ont entretenu pendant la nuit, les pongos viennent et s'asseyent autour du foyer jusqu'à ce qu'il soit éteint, mais ils n'ont pas assez d'intelligence pour l'entretenir en y mettant du bois. Ils vont de compagnie, tuent les nègres qu'ils rencontrent, attaquent même l'éléphant, qu'ils mettent en fuite à coups de poing ou à coups de bâton. »

Bosman, autre voyageur en Guinée, avait parlé du même singe. « Ils deviennent extrêmement grands,

écrivait-il. J'en ai vu un de mes propres yeux qui avait
5 pieds de haut. Ils ont une assez laide figure, sont
très-méchants, très-hardis, assez audacieux pour attaquer les hommes. Il y a des nègres qui assurent que
ces singes peuvent parler, et que, s'ils ne le font pas,
c'est qu'ils ne veulent pas s'en donner la peine. Ce qu'il
y a de mieux à dire, c'est qu'ils sont capables d'apprendre tout ce qu'on voudra leur enseigner. »

M. de la Brosse, dans un voyage à la côte d'Angola,
publié en 1738, disait qu'ils atteignent jusqu'à 6 et
7 pieds de haut, que leur force est sans égale, qu'ils
cabanent et se servent de bâtons pour se défendre. Il
en faisait le portrait que voici :

Face plate, nez camus et épaté, oreilles sans bour-
relet, peau un peu plus claire que celle d'un mulâtre,
poil long et rare dans plusieurs parties du corps ; ventre extrêmement tendu, talons plats et élevés d'un demi-
pouce environ par derrière. Ils marchent sur deux pieds
et sur quatre quand ils en ont la fantaisie. M. de la Brosse
ajoute qu'ils tâchent de surprendre les négresses, les
gardent avec eux, les soignent très-bien. « J'ai connu
à Lowango, dit-il, une négresse qui était restée trois
ans avec ces animaux. »

Enfin, car nous devons nous borner, M. Bowditch,
dans sa *Relation d'une mission du cap Coast à Ashantee*,
publiée en 1819, avait écrit :

« Notre sujet de conversation favori et le plus curieux, quand il était question d'histoire naturelle, était
l'*Ingéna*, un animal pareil à l'orang-outang, mais
d'une taille bien plus élevée. Il a 5 pieds de haut

et 4 en largeur d'une épaule à l'autre. On dit que sa main est d'une grandeur démesurée, et qu'un seul coup de cette main peut donner la mort. Les voyageurs qui vont à Kaybe le rencontrent ordinairement ; il s'embusque dans les fourrés pour tuer les hommes qui passent, et il se nourrit surtout de miel sauvage. Parmi les autres traits qui caractérisent cet animal, et sur lesquels personne ne varie, on rapporte qu'il se bâtit une cabane, grossière imitation de celle des indigènes, et qu'il dort sur le toit de cette demeure. »

Inutile de dire que l'Afrique ne renferme aucun singe qui soit semblable à l'homme dans toutes ses proportions, qui ne diffère de celui-ci à l'extérieur que par le peu de saillie de ses mollets, et qui ne parle point uniquement parce qu'il ne veut pas se donner la peine de le faire. « Je regrette, — dit un auteur à qui nous ferons tout à l'heure de nombreux emprunts, — je regrette d'être obligé de détruire d'agréables illusions ; mais le gorille ne s'embusque pas sur les arbres pour saisir avec ses griffes le voyageur sans défense ; il ne l'étouffe pas entre ses pieds comme dans un étau... il n'enlève pas les femmes de leurs villages ; il ne se bâtit pas une cabane de branchages dans les forêts ; il ne marche pas par troupes, et dans tout ce qu'on a raconté de ses attaques en masse, il n'y a pas l'ombre de vérité. »

Les rapports des voyageurs étaient donc entachés d'exagération et d'erreur ; mais outre que tout ce qu'on racontait d'erroné n'était pas invraisemblable, ces récits s'accordaient à attester l'existence d'un singe distinct du chimpanzé, plus grand, plus fort, plus dangereux que ce dernier, et de cela il n'y avait aucune raison de douter ; l'attention était donc éveillée. C'est en 1846 que les doutes cessèrent.

Le hasard fit qu'à cette époque un missionnaire américain, le révérend docteur J. Leigton Wilson, découvrit au Gabon le crâne d'un singe d'une espèce nouvelle

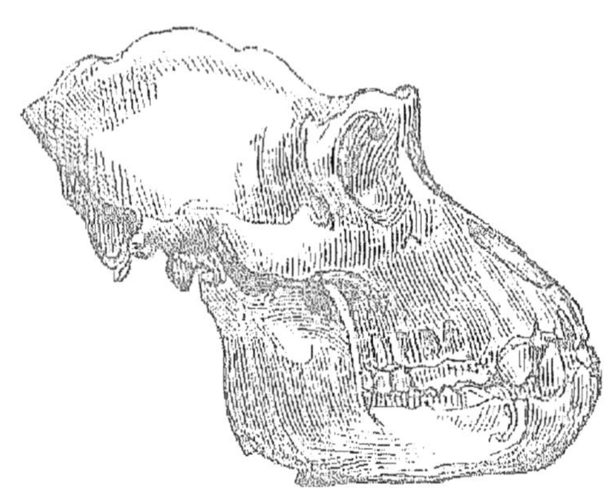

et extraordinaire. Une cavité crânienne étroite, presque tout entière rejetée derrière les orbites, et où les circonvolutions cérébrales n'avaient laissé que de faibles empreintes ; des mâchoires d'une puissance prodigieuse, fortement projetées en avant, et armées de redoutables canines profondément enracinées ; aux bords sourciliers du frontal, sur la ligne de rencontre des pariétaux et à la jonction de ceux-ci avec l'occipital, des crêtes osseuses énormes ; enfin, des pommettes très-larges et très-arquées ; en un mot, tous les caractères de la bestialité portée à l'excès et unis à ceux d'une force sans égale parmi les singes : tel était ce crâne, qui n'avait pu appartenir qu'à l'*Ingéna* de Bowditch, au *Pongo* de Battel. Un savant naturaliste américain, le professeur Jeffries Wyman, en donna la description en 1847 dans le *Journal d'Histoire naturelle de Boston*. La découverte de M. Wilson ne resta pas longtemps isolée, et l'anatomie du nouveau quadrumane, auquel Wyman avait donné le nom de *Gorille*, devint l'objet des travaux de Richard Owen en Angleterre, d'Isidore Geoffroy Saint-Hilaire et de Duvernoy en France. L'intérêt s'accrut encore quand le premier blanc qui ait vu en face un gorille vivant eut fait connaître ses merveilleux récits de chasse.

Ce blanc est un Américain d'origine française, M. Paul du Chaillu. Il s'embarqua au mois d'octobre 1855 pour la côte occidentale d'Afrique. Son intention était de consacrer quelques années à l'exploitation de la région comprise entre le deuxième degré de latitude nord et le deuxième degré sud, sur tout l'espace qui s'étend de la côte à la chaine de montagnes appelée la *sierra del Crystal*. Cette contrée est le domaine du gorille. Maintes fois, dans une précédente excursion en Afrique, notre voyageur avait entendu parler de cet animal, de son terrible rugissement, de sa force prodigieuse, de son grand courage. Atteindre le gorille dans ses repaires, le tuer, en enrichir la science, c'était un des buts de M. du Chaillu. Nous allons le voir à l'œuvre.

Mais pendant qu'il est à la recherche de cet être extraordinaire, écoutons ce qu'en racontent, au rapport de l'auteur américain[1], les nègres assis le soir autour du feu du bivouac.

---

[1] *Voyages et aventures dans l'Afrique équatoriale.*

II. Histoires de nègres.

— Mon père, dit l'un, m'a rapporté autrefois qu'étant un jour dans la forêt, il se trouva tout à coup face à face avec un grand gorille qui lui barrait le chemin. Mon père tenait sa lance à la main ; à la vue de cette arme, le gorille se mit à rugir. Alors mon père, épouvanté, laissa tomber sa lance. Quand le gorille vit mon père désarmé, il parut satisfait ; il le regarda un instant, puis le laissa ; il rentra dans l'épaisseur de la forêt. Mon père, de son côté, fut bien content et poursuivit son chemin.

Et les auditeurs de s'écrier tout d'une voix :

— Oui, oui, c'est ce qu'il faut faire quand on rencontre un gorille ; laissez tomber votre lance, vous l'apaiserez !

— Il y a quelques saisons sèches, dit un autre, un homme à la suite d'une violente querelle disparut de mon village. Peu de temps après, un Ashira, allant dans la forêt, y rencontra un très-grand gorille. Ce gorille était l'homme même qui avait disparu. Il sauta sur le pauvre Ashira, le mordit au bras et lui emporta un morceau de chair ; puis il le laissa aller. Le malheureux revint le bras tout ensanglanté me raconter son aventure. J'espère que nous ne rencontrerons pas un de ces hommes-gorilles ; car ce sont des êtres bien méchants, et nous aurions de terribles moments à passer.

Le chœur :

— Non, non, nous ne rencontrerons pas de ces méchants gorilles !

Ils croient en effet, dit l'auteur cité, qu'il y a des
gorilles d'une espèce particulière qui servent d'habitation aux esprits de certains nègres morts. Les initiés
les reconnaissent à des signes mystérieux et surtout à
leur taille extraordinaire. Ces gorilles-là, au dire des
indigènes, ne peuvent jamais être pris ni tués ; ils ont
aussi plus de sagacité et de raison que le commun des
animaux. Dans ces bêtes possédées, l'intelligence de
l'homme s'unit à la vigueur et à la férocité de l'animal...

Il y a quelques années un homme disparut, emporté
probablement par un léopard. On raconta et on crut
qu'étant un jour à se promener dans les bois, il avait
été métamorphosé en un hideux gorille que les noirs
poursuivirent souvent sans pouvoir le tuer, quoiqu'il
errât aux alentours du village.

Autre histoire : Des indigènes rencontrèrent dans
un champ de cannes à sucre une troupe de gorilles en
train de lier les cannes pour les emporter. Ils les atta-
quèrent, mais les singes les mirent en fuite, et leur
firent perdre plusieurs hommes, les uns tués, les autres
prisonniers. Peu de jours après, ces derniers revinrent chez eux : les ongles des pieds et des mains leur
avaient été arrachés.

Deux femmes Mbondémos se promenaient dans une
forêt, quand tout à coup un énorme gorille enjamba
le sentier, et empoignant une des femmes, l'emporta
en dépit de ses cris et de ses efforts. L'autre retourna

au village, tremblante de terreur, et raconta l'aventure. Naturellement sa compagne fut tenue pour perdue. Quelle fut donc la surprise générale, lorsqu'au bout de quelques jours celle-ci revint chez elle...

— C'était un gorille habité par un esprit, dit l'un des auditeurs.

Un gorille se promenait dans la forêt lorsqu'il rencontra un léopard. Tous deux s'arrêtèrent. Le quadrupède, qui avait faim, se ramassa sur lui-même pour sauter à la gorge de son ennemi qui aussitôt se mit à pousser son épouvantable hurlement. Sans se laisser intimider, le léopard prit son élan. Par malheur, il fut attrapé en l'air par le gorille qui le saisit par la queue et le fit tournoyer avec tant de force que la queue se détacha, et l'animal s'enfuit laissant son appendice entre les mains du gorille.

Revenu auprès de ses camarades, le quadrupède eut à répondre à leurs questions. « Qu'est-il arrivé ? » lui demandèrent-ils. Il fallut raconter toute l'histoire. A cette nouvelle, le chef des léopards hurla si fort et si longtemps que de tous les points de la forêt ses sujets accoururent.

A peine eurent-ils connu l'injure faite à leur frère qu'ils jurèrent de le venger. Ils se mirent donc en campagne à la poursuite du gorille.

Cette recherche ne fut pas longue. Dès que le grand singe les vit approcher, il brisa un arbre, et s'en servant en guise de massue, il fit le moulinet d'un air si menaçant qu'il tint en respect l'armée des assaillants ; mais à la fin il se lassa, ce que voyant, les léopards s'élancèrent sur lui tous ensemble., et l'étranglèrent.

Un jour, un autre gorille se promenait également dans la forêt avec sa femme et son petit garçon, lorsqu'il se trouva tout à coup en face d'un énorme éléphant, qui lui dit :

— Laisse-moi passer, gorille, car ces forêts m'appartiennent.

— Oh! oh! fit le gorille, comment ces forêts t'appartiendraient-elles? Ne suis-je pas le maître d'ici? Ne suis-je pas l'homme des bois?

Cela dit, il ordonna à sa femme et à son petit garçon de se tenir à l'écart, puis il cassa un gros arbre, s'en arma, et tomba sur l'éléphant qui fut assommé. Quelques jours après, on trouva le corps de l'éléphant par terre, et la massue à côté de lui.

Un fait accrédité chez toutes les tribus qui connaissent un peu le gorille, c'est que cet animal se met en embuscade sur les branches inférieures des arbres, et que s'il passe quelqu'un à sa portée, il accroche le malheureux avec son pied large et puissant, l'enlève sur l'arbre et l'étrangle à son aise.

Ils sont persuadés que si une femme près de devenir mère, ou que si seulement le mari de cette femme voit un gorille et même un gorille mort, la femme donnera le jour non à un enfant, mais à un petit gorille. J'ai remarqué, dit M. du Chaillu, cette superstition chez toutes les tribus, et seulement à propos du gorille.

Mais cette superstition ne les empêche pas de man-

ger du gorille. Ils mettent soigneusement la cervelle
à part pour en faire des charmes magiques. « Si nous
tuons demain un gorille , disait un noir, je veux avoir
une partie de sa cervelle pour fétiche. Rien ne rend
un homme plus intrépide que d'avoir pour fétiche de
la cervelle de gorille. — Oui , répétaient les autres,
cela donne un cœur à toute épreuve. »

III. En chasse.

Accompagné d'hommes et de femmes de la tribu des
Mbondémos , M. du Chaillu , gravissant la seconde
chaîne des montagnes de Cristal , venait d'atteindre,
non loin des sources de la Ntambonnay, un emplacement découvert où avait été établi autrefois un village
Mbondémo. Une espèce dégénérée de canne à sucre
croissait à la place où il y avait eu des maisons. Tourmenté par la faim , le voyageur avait hâte de cueillir
quelques tiges, mais un fait que lui signalèrent ses
hommes vint donner un tout autre cours à ses idées.
Çà et là des cannes avaient été abattues, déracinées,
brisées en plusieurs morceaux, et mâchées. Les Mbondémos s'entre-regardaient en murmurant à voix basse :
Njéna, c'est-à-dire gorille.

« C'étaient, en effet, des traces de gorilles, et des traces toutes fraîches. On trouva bientôt les empreintes de
leurs pieds; ils avaient dû être quatre ou cinq. De temps
en temps ils s'étaient assis pour mâcher les cannes.

« C'était la première fois que je voyais ces empreintes, raconte M. du Chaillu, et ce que j'éprouvai ne pourrait se décrire. J'étais donc sur le point de me trouver face à face avec ce monstre dont la férocité, la force et la ruse avaient fait si souvent le sujet des entretiens des indigènes, un animal à peine connu du monde civilisé, et que les hommes blancs n'avaient jamais chassé! Mon cœur battait à me faire craindre que le bruit de ses palpitations ne donnât l'éveil au gorille, et mon émotion était réellement excitée jusqu'à devenir une souffrance. »

Les femmes étaient terrifiées; on les met à l'abri de quelques huttes de feuillage élevées par des voyageurs de commerce. Le reste de la troupe examine soigneusement ses fusils et la chasse commence.

On descend la montagne, on traverse un cours d'eau, on s'approche de quelques gros blocs de granit. A leur pied est couché un arbre mort, d'une taille immense, autour duquel se voit la marque des pas de plusieurs gorilles.

Nul doute, ceux-ci se sont cachés derrière les blocs. Il faut en faire le tour. Les chasseurs se partagent en deux bandes; l'une prend par la droite, l'autre par la gauche; tous le fusil en main, prêts à faire feu. L'animation des noirs était plus vive encore que celle de leur chef. Ils avançaient à travers les fourrés épais et sombres, quoiqu'il fît grand jour. Malheureusement on élargit trop le cercle. Les gorilles aux aguets virent les chasseurs. Tout à coup, un cri étrange, discordant, à moitié humain, presque diabolique, retentit, et on vit quatre jeunes gorilles qui fuyaient dans l'épaisseur

de la forêt ; leur tête inclinée, leur corps penché en
avant, tout en eux donnait l'idée d'un homme qui fuit

pour sauver sa vie. Ils ressemblaient d'une manière
effrayante à des hommes velus. « Je déclare, dit M. du

Chaillu, que je me sentis presque l'émotion d'un homme qui va commettre un meurtre... » Ajoutons à cela leur cri terrible qui, tout sauvage et bestial qu'il est, a cependant quelque chose d'humain dans sa discordance, et nous cesserons de nous étonner des superstitions des indigènes au sujet de ces *hommes des bois*. Tous les fusils partirent à la fois ; aucun animal ne fut atteint. Les chasseurs s'élancèrent à leur poursuite, coururent à perdre haleine ; ce fut en vain. Ces bêtes agiles connaissaient le bois mieux que leurs agresseurs ; elles échappèrent.

C'était donc partie remise. Mais du moins M. du Chaillu pouvait se vanter d'avoir vu des gorilles vivants. Il ne devait pas tarder à en voir de plus près.

Quelques jours après cette chasse manquée, l'intrépide voyageur et ses amis les Mbondémos, partis de grand matin, exploraient vainement depuis plusieurs heures les profondeurs les plus touffues et les moins abordables de la forêt ; pas la moindre apparence de gorille. Tout à coup l'un des hommes poussa une sorte de petit gloussement, signal usité chez les indigènes pour appeler l'attention sur quelque chose d'imprévu ; en même temps, M. du Chaillu crut entendre comme un bruit de branchages que l'on cassait.

« C'était le gorille ! Je le devinai tout de suite à l'air résolu et satisfait de mes compagnons. Ils visitèrent avec soin leurs fusils, et j'examinai aussi le mien, puis nous avançâmes avec précaution.

« Le bruit singulier de branches cassées continuait de se faire entendre. Enfin, nous crûmes voir, à travers les épais massifs, osciller des branches et de jeunes arbres que l'énorme bête était en train d'arracher, probablement pour cueillir les fruits dont elle se nourrit.

« Tout à coup, pendant que nous rampions, au milieu d'un silence tel que notre respiration en ressortait distincte et bruyante, toute la forêt rententit à la fois du terrible cri du gorille.

« Puis les broussailles s'écartèrent, et soudain nous fûmes en présence d'un énorme mâle. Il avait traversé le fourré à quatre pattes, mais dès qu'il nous aperçut, il se dressa de toute sa hauteur, et nous regarda hardiment en face. Il se tenait à peu près à une quinzaine de pas de nous. C'est une apparition que je n'oublierai jamais. Il paraissait avoir près de 6 pieds[1] ; son corps était immense, sa poitrine monstrueuse, ses bras d'une incroyable énergie musculaire. Ses grands yeux gris et enfoncés brillaient d'un éclat sauvage, et sa face avait une expression diabolique. Tel apparut devant nous ce roi des forêts de l'Afrique.

« Notre vue ne l'effraya pas. Il se tenait là, à la même place, et battait sa poitrine avec ses poings démesurés qui la faisaient résonner comme un tambour immense. C'est leur manière de défier leurs ennemis. En même temps il poussait rugissements sur rugissements.

« Le rugissement du gorille est le son le plus étrange et le plus effrayant qu'on puisse entendre dans ces

[1] Mesure anglaise.

forêts. Cela commence par une sorte d'aboiement saccadé, comme celui d'un chien irrité, puis se change en un grondement sourd qui ressemble littéralement au lointain roulement du tonnerre, si bien que j'ai été parfois tenté de croire qu'il tonnait, quand j'entendais cet animal sans le voir. La sonorité de ce rugissement est si profonde, qu'il a moins l'air de sortir de la bouche et de la gorge, que des spacieuses cavités de la poitrine et du ventre.

« Ses yeux s'allumaient d'une flamme de plus en plus ardente, pendant que nous restions immobiles et sur la défensive. Les poils ras du sommet de sa tête se hérissèrent et commencèrent à se mouvoir rapidement, en même temps qu'il découvrait ses canines puissantes et poussait de nouveaux rugissements. Il me rappelait alors ces êtres hybrides, moitié hommes, moitié bêtes, dont l'imagination des anciens peintres a peuplé les régions infernales. Enfin, il s'avança de quelques pas, puis s'arrêta pour pousser son épouvantable rugissement; il s'avança encore et s'arrêta à dix pas de nous, et comme il recommençait à rugir en se battant la poitrine avec fureur, nous fîmes feu et nous le tuâmes. »

Le râle qu'il fit entendre tenait à la fois de l'homme et de la bête. Il tomba la face contre terre. Le corps trembla convulsivement pendant quelques minutes, les membres s'agitèrent, puis tout devint immobile. Le cadavre mesurait 5 pieds 8 pouces anglais.

Un autre jour, étant encore en chasse, M. du Chaillu entendit d'une grande distance un bruit sourd et puissant qu'il prit pour un roulement de tonnerre. Prévoyant un orage, il se hâta de chercher un abri sous un bouquet d'ébéniers, mais il s'aperçut bientôt que ce prétendu roulement de tonnerre n'était autre que la voix d'un gorille mâle appelant sa femelle. Celle-ci lui répondit au bout d'un instant par un rugissement plus faible. Les échos se renvoyaient cette voix terrible de montagne en montagne. La forêt semblait trembler.

Notre voyageur glissa aussitôt une balle dans son fusil, alors chargé de menu plomb pour les oiseaux, et marcha dans la direction du cri. De temps en temps le bruit sourd que fait le mâle en battant sa poitrine de ses larges poings arrivait jusqu'à lui. Bientôt il entendit craquer des branches et il vit à travers les fourrés un jeune arbre, rudement secoué, tomber en quelques minutes. Mais peut-être l'animal eut-il conscience du danger, car un profond silence succéda aux rugissements, et lorsque M. du Chaillu se fut ouvert un passage dans le fourré, le gorille avait disparu.

« Je suis sûr, écrit-il, d'avoir entendu son rugissement d'une distance de 3 milles et le battement de ses bras contre sa poitrine de 1 mille au moins. Il n'y a pas de mot pour rendre l'effet de cette espèce de tonnerre. »

« En examinant la forêt où ces gorilles venaient de prendre leurs ébats et leur nourriture, je compris pour la première fois, ajoute-t-il, pourquoi les dents canines de cet animal, du mâle surtout, sont ordinai-

rement si usées en dehors, et je trouvai en même
temps des preuves étonnantes de sa vigueur. Plusieurs
arbres, dont chacun avait de 4 à 6 pouces de diamètre, avaient été cassés et portaient les marques des
morsures des gorilles dont les dents avaient pénétré
jusqu'au cœur de l'arbre pour en extraire la moelle.
C'était un bois dur, et je vis bien à la manière dont il
avait été rongé, qu'il ne fallait pas attribuer à une
autre cause la détérioration singulière que j'avais
remarquée à l'extérieur des dents canines de ces animaux. »

Quelques jours après cette rencontre manquée,
les indigènes rapportèrent à M. du Chaillu qu'un
monstrueux gorille avait été vu plusieurs fois dans
la forêt à 10 milles à l'est. Le voyageur, qui était
justement en quête d'un sujet exceptionnel pour sa
collection, prit aussitôt la résolution d'aller chercher
celui-là.

Accompagné d'un nègre nommé Gambo, il chassait
depuis plusieurs heures, quand dans un fourré, au
fond d'un obscur ravin, il se trouva subitement en
présence de deux gorilles, le mâle et la femelle. Déjà
ceux-ci les avaient aperçus; la femelle jeta un cri
d'alarme et s'enfuit à travers bois. Quant au mâle,
qui était précisément celui à qui M. du Chaillu en voulait, il ne montra aucune envie de fuir. Il se leva lentement, regarda en face ceux qui troublaient sa retraite,
et poussa un rugissement de rage. Les chasseurs s'étaient
mis côte à côte, attendant l'attaque du monstre. En-
trevus dans le demi-jour du ravin, ses traits hideux,

crispés par la colère, ses yeux étincelants d'un feu sombre, sa face de satyre violemment contractée, tout en lui était effroyable.

Il s'avançait par saccades, suivant la coutume de

Gorille,

ces animaux, faisant halte de temps en temps pour tambouriner sur sa poitrine qui rendait un son creux et sourd comme ferait un grosse caisse tendue d'une peau de bœuf; puis il poussait un court aboiement suivi de ce grondement formidable qu'on connait déjà.

Les deux hommes restèrent fermes à leur poste pendant trois longues minutes, attendant que le gigantesque animal fût bien à portée. Arrivé à huit pas de distance, le monstre releva la tête, poussa un nouveau rugissement et se battit la poitrine. Il allait se remettre en marche, quand deux coups de feu partirent à la fois, le singe chancela, et tomba tout de son long la face contre terre ; il était mort.

« Je vis d'un coup d'œil, écrit le narrateur, que c'était bien l'animal que je voulais avoir. C'est le plus vieux de toute ma collection et presque le plus grand que j'ai jamais vu. Gambo, vieux chasseur quoique jeune homme, en avait vu quelques-uns de plus forts, mais pas beaucoup. Sa taille était de 5 pieds 9 pouces ; ses bras étendus en mesuraient 9 ; sa poitrine avait 62 pouces de circonférence. Ses mains, armes terribles, dont un seul coup éventre un homme et lui brise les membres, avaient une immense force musculaire et se recourbaient comme de véritables griffes. Je pouvais juger de la portée du coup, asséné par une telle main, emmanchée à un bras tout charpenté de gros paquets de fibres musculaires. L'orteil n'avait pas moins de 6 pouces de tour. »

Autres histoires de chasse.

C'était un matin ; la nuit avait été terrible : un orage épouvantable avait éteint les feux du bivouac et fort maltraité nos voyageurs. Le cri du gorille se fit entendre, et aussitôt M. du Chaillu se sentit ranimé. Il avala une tasse de café et un biscuit, rien de plus, car les vivres étaient rares, et il partit.

A peine avait-on marché un quart de mille que le rugissement se fit entendre de nouveau. L'animal n'était pas loin, et les buissons qui se courbaient pour lui livrer passage indiquaient qu'il se rapprochait. Les chasseurs s'arrêtèrent et firent silence, craignant de l'effaroucher. C'était une précaution superflue. Dès que le gorille les vit, il écarta les broussailles, se dressa sur les deux pieds, fit quelques pas, s'arrêta, s'assit, frappa de ses poings sa large poitrine, se releva, fit quelques pas, s'arrêta encore, ouvrit sa bouche caverneuse et rugit.

Quand il ne se trouva plus qu'à dix pas, M. du Chaillu jugea qu'il était temps d'en finir. Le coup l'atteignit en pleine poitrine ; il tomba la face contre terre. « Ces animaux, fait observer notre auteur, meurent sans beaucoup de peine ; ils n'ont pas la vie dure comme la plupart des bêtes féroces. C'est encore une ressemblance de plus avec l'homme. Ce gorille était un mâle d'âge moyen. »

Encore une rencontre, encore une victoire. L'animal avait annoncé sa présence par des rugissements. On le croyait tout près ; il fallut marcher plus de trois quarts d'heure avant de le rencontrer. Dès qu'il aperçut les hommes, il vint résolûment à eux, poussant plusieurs fois de suite des aboiements aigus.

« A sa manière d'approcher, j'eus encore une fois, écrit M. du Chaillu, l'occasion de remarquer la difficulté qu'il éprouve à se tenir longtemps debout. Ses jambes courtes et minces ne sont pas de force à supporter la masse de son corps ; il fléchit sous le poids, et sa marche est une espèce de dandinement où ses longs bras, gauchement manœuvrés, lui servent de balancier et le maintiennent en équilibre. Deux fois il s'assit pour rugir, comme s'il sentait que la force nécessaire pour la pleine émission du son lui manquerait s'il restait debout.

« Mon fusil venait d'être chargé. Je pouvais me fier à mon arme, et je me tenais en avant des autres. J'attendis que l'énorme bête fût à dix pas de moi ; alors, comme elle s'arrêtait une dernière fois pour rugir, je fis feu, et elle tomba la face contre terre et sans vie.

« C'était un jeune mâle, parvenu à toute sa croissance ; ses grosses dents canines, ses mains pareilles à des griffes, l'immense développement des muscles de ses bras et de sa poitrine, tout son extérieur enfin attestait une force gigantesque.

« Je n'ai jamais pu, en face d'un gorille abattu, garder cette indifférence, et encore moins ressentir cette joie triomphante du chasseur après un bon coup. Il me semblait toujours avoir tué une créature, monstrueuse à la vérité, mais gardant encore quelque chose d'humain. C'était une erreur, et pourtant ce sentiment était plus fort que moi.

« L'animal avait 5 pieds 8 pouces. »

Toutes les chasses n'ont pas cette heureuse issue. Une fois que M. du Chaillu battait les bois à la tête d'une petite troupe, un' de ses hardis compagnons eut l'imprudence de s'avancer seul du côté où il pensait rencontrer un gorille. Il y avait à peu près une heure qu'on l'avait perdu de vue, quand on entendit un coup de feu tiré à peu de distance, puis un second. On courut dans la direction du bruit, espérant trouver un gorille mort, quand tout à coup la forêt retentit des plus terribles rugissements.

« Gambo me saisit le bras, tout troublé, et nous pressâmes le pas, agités de sinistres pressentiments. Nous n'allâmes pas loin sans les voir réalisés. Le pauvre camarade, qui s'était aventuré tout seul gisait à terre dans une mare de sang. Ses entrailles sortaient du ventre, affreusement déchiré. A côté de lui était son fusil ; la crosse en était brisée, et le canon, ployé et aplati, portait la marque des dents du gorille.

« Le malheureux n'était pas mort. On pansa ses blessures, on lui fit boire un peu d'eau-de-vie ; il reprit ses sens et put parler, quoique avec difficulté. Il raconta alors qu'il s'était trouvé face à face avec un grand gorille mâle, à l'air très-farouche, et quoiqu'il ne l'eût tiré qu'à dix pas, la forêt étant très-obscure en cet endroit, il avait manqué son coup ; du moins n'avait-il fait que blesser l'animal au côté. Alors celui-ci, se battant la poitrine avec rage, s'était mis à marcher contre son agresseur.

« Fuir était impossible ; l'homme eût été atteint avant d'avoir fait quelques pas. Il resta donc, rechargeant son fusil aussi vite que possible. Mais au moment où il levait l'arme, le gorille la lui fit tomber des mains, et le coup partit pendant la chute. Au même instant, l'animal poussa un rugissement, éventra le chasseur d'un seul coup de son énorme main, et lui mit les entrailles à nu. Pendant que le malheureux tombait, le monstre saisit le fusil et l'aplatit entre ses puissantes mâchoires. »

Quand M. du Chaillu arriva sur le terrain, le gorille avait disparu. « C'est l'habitude de ces animaux, quand on les attaque, de frapper un ou deux coups, puis de laisser par terre la victime de leur fureur et de se retirer dans les bois. »

Le pauvre homme fut rapporté au camp, où on lui fit répéter le récit de son aventure, et on conclut que ce n'était pas un gorille qui l'avait attaqué, mais un homme, un méchant homme changé en gorille. Personne, ajoutait-on, ne pouvait échapper à un tel être, et il ne pouvait être tué même par les chasseurs les plus intrépides.

Il fut tué cependant le lendemain. Mais sa victime succomba elle-même quelques heures après.

IV. Les Babys.

M. du Chaillu, qui a tué tant de gorilles adultes, n'en a jamais pris de vivants. Il regarde même comme impossible qu'on en prenne jamais. Pour les jeunes, c'est différent, quoique la chose présente des difficultés.

Quelques chasseurs que notre voyageur avait pris à son service étaient allés battre les bois pour son compte. Au nombre de cinq, ils traversaient sans bruit la forêt, lorsqu'ils entendirent le cri d'un petit gorille appelant sa mère. Il était près de midi ; un silence

Au même instant l'animal éventra le chasseur.

profond régnait. Le cri se fit entendre une seconde fois. Les hommes, sachant quelle joie la capture d'un jeune gorille causerait à leur maître, résolurent de marcher du côté d'où venait le bruit. Le fusil à la main, ils se glissèrent dans un épais fourré ; quelques indices leur firent reconnaitre que la mère n'était pas loin ; il y avait même lieu de croire que le mâle était aussi dans les environs ; cependant les braves gens n'hésitèrent pas.

Silencieux comme la mort, retenant leur souffle, ils avançaient. A quelques pas devant eux, les buissons remuèrent. Bientôt ils aperçurent un jeune gorille assis et mangeant ; à peu de distance était la mère assise aussi et mangeant également. Au moment où ils levaient les fusils, celle-ci les aperçut ; les coups partirent, et elle tomba mortellement blessée.

Au bruit de la décharge, le petit gorille se précipita sur la vieille femelle, l'entoura de ses bras, se coucha sur son sein. Mais les cris de triomphe des chasseurs le rappelant à lui, il lâcha le corps de sa mère, grimpa sur un arbre, et s'enfuit jusqu'au sommet, où il s'assit en poussant des hurlements.

Les noirs étaient bien embarrassés, ne voulant ni tirer sur lui, ni s'exposer à ses morsures. Enfin, ils s'avisèrent d'abattre l'arbre, et profitant au moment où celui-ci tombait, de la surprise du petit monstre, ils lui jetèrent un pagne sur la tête, ce qui n'empêcha pas que l'un d'eux ne fût mordu grièvement à la main, et qu'un autre n'eût la cuisse entamée.

Comme ce petit animal, quoique chétif de taille et

tout enfant par l'âge, était d'une vigueur étonnante et que rien ne pouvait modérer sa fureur, on ne savait comment l'emporter. On finit par lui prendre le cou dans une fourche qui le tenait à distance, en même temps qu'elle l'empêchait de s'échapper, et c'est dans cet équipage qu'on l'amena à M. du Chaillu. « Je ne puis, écrit-il, décrire les émotions que je ressentis. Ce seul instant me récompensa de toutes les fatigues et de toutes les souffrances que j'avais éprouvées en Afrique. »

Le village était tout en émoi. Le jeune gorille rugissait et beuglait. Ses petits yeux lançaient des regards farouches, et s'il eût pu attraper quelqu'un, il lui eût fait un mauvais parti.

En deux heures, on construisit une cabane de bambou très-forte, avec des barreaux assez espacés pour que le singe pût voir au dehors et être vu. On l'y jeta de force, et M. du Chaillu put jouir tranquillement du spectacle de sa conquête.

C'était un jeune mâle, qui évidemment n'avait pas encore trois ans. Sa face et ses mains étaient toutes noires, ses yeux moins enfoncés que ceux des adultes. Les poils de sa chevelure commençaient juste aux sourcils et s'élevaient au sommet de la tête, où ils étaient d'un brun rougeâtre, pour redescendre des deux côtés sur la face jusqu'à la mâchoire inférieure, en dominant des sortes de favoris. La lèvre supérieure était bordée d'un poil peu fourni et grossier. Les paupières étaient très-minces, les sourcils droits et longs de trois quarts de pouce.

Le pelage du dos était gris de fer ; la poitrine et le ventre étaient également velus. Le poil était plus long que partout ailleurs sur les bras, et il y paraissait d'un noir grisâtre, ce qui provenait de ce qu'il était noir à sa racine et blanc à son extrémité. Aux poignets et aux mains le poil était noir, et il descendait sur les doigts jusqu'à la seconde phalange. Celui des jambes était d'un noir grisâtre, et devenait de plus en plus foncé à mesure qu'il se rapprochait des chevilles. Celui des pieds était tout noir.

Laissons maintenant M. du Chaillu raconter les faits et gestes de ce baby.

« Quand je vis le petit camarade solidement enfermé dans sa cage, je m'approchai pour lui adresser quelques paroles d'encouragement. Il se tenait dans le coin le plus reculé, mais dès que je m'avançai il rugit et s'élança sur moi, et quoique je me fusse retiré le plus vite possible, il réussit à saisir mon pantalon qu'il déchira avec un de ses pieds ; puis il retourna dans son coin. Cette attaque me rendit plus circonspect ; pourtant je ne désespérais pas de parvenir à l'apprivoiser.

« Il était accroupi au fond de sa cage ; ses yeux gris lançaient des regards méchants ; je n'ai jamais vu une face plus sombre que celle de ce petit animal.

« La première chose que j'avais à faire, c'était d'épier les besoins de mon prisonnier. J'envoyai chercher les fruits que cet animal préfère, et je les plaçai à sa portée avec un vase d'eau. Mais il ne voulut toucher à rien avant que je me fusse éloigné à une distance considérable.

« Le second jour je trouvai Joë — c'est le nom que je lui avais donné — plus farouche encore que le premier. Il s'élançait avec des cris et des bonds sauvages contre quiconque approchait de sa cage, et semblait prêt à nous mettre tous en pièces. Je lui jetai ce jour-là quelques feuilles d'ananas, dont je remarquai qu'il ne mangeait que les parties blanches. Il semblait du reste avoir bon appétit, quoiqu'il refusât tout autre aliment que les feuilles et les fruits de sa forêt natale.

« Le troisième jour il était plus que jamais renfrogné et sauvage, beuglant dès que quelqu'un faisait mine de l'approcher, et se retirant alors dans son coin, ou s'élançant pour attaquer l'importun.

« Le quatrième jour, pendant que personne n'était là, il réussit à arracher deux des barreaux de sa cage et s'échappa. Aussitôt je mis sur pied tous les nègres, et les envoyai cerner le bois. Mais comme je rentrais vite chez moi pour prendre un de mes fusils, j'entendis un grondement menaçant qui sortait de dessous mon lit. C'était maître Joë, qui, de cette cachette, guettait tous mes mouvements. Je m'empressai de fermer les fenêtres ; et j'appelai du monde pour garder la porte. Quand Joë vit cette forêt de visages noirs, il devint furieux et s'élança, l'œil étincelant, de dessous le lit. Nous sortîmes en fermant les portes sur lui, et nous le laissâmes maître du logis, aimant mieux combiner quelque plan pour le reprendre à loisir que de nous exposer à ses terribles dents.

« Cependant Joë se tenait au milieu de la chambre, observant avec quelque surprise les objets qui l'entouraient. J'avais peur que la sonnerie de ma pendule n'appelât sa fureur sur ce précieux objet.

« A la fin, le voyant un peu plus calmé, j'envoyai chercher un filet, et ouvrant brusquement la porte, je le lui jetai sur la tête. Le diablotin, empêtré, se mit à pousser des rugissements effroyables et à donner des coups de pied en tous sens. Je le saisis par la nuque, deux hommes lui prirent les bras et un autre les jambes; ainsi tenu par quatre hommes, cette extraordinaire petite créature nous donna une peine infinie. Nous la portâmes aussi vite que nous pûmes dans sa cage, qui avait été réparée, et nous l'y enfermâmes de nouveau. Je n'ai vu de ma vie une bête aussi furieuse. Pas de changement pendant les deux jours qui suivirent. J'essayai alors du jeûne. Tout ce que je gagnai, c'est qu'a-près une abstinence de vingt-quatre heures, il vint lentement prendre dans ma main des graines de la fo-rêt, qu'il alla ensuite manger dans son coin.

« L'étude active à laquelle je me livrai pendant une quinzaine de jours ne me donna plus d'espoir. Au bout de cette quinzaine, comme je lui portais à manger, je m'aperçus qu'un bambou de sa cage avait été rongé et que l'animal s'était échappé de nouveau. Heureusement, il n'était pas encore loin, et regardant autour de moi, je vis maître Joë qui courait à quatre pattes, et avec une grande vitesse, à travers une petite prairie vers un massif d'arbres.

« J'appelai mes hommes ; nous le cernâmes. Au lieu de monter sur un arbre, il se tint sur la lisière du petit bois. Cent cinquante personnes formèrent un cercle autour de lui. Alors il se mit à hurler et s'élança sur un pauvre diable, qui de frayeur tomba par terre. Cette chute, qui préserva l'homme, embarrassa Joë, et nous donna le temps de jeter sur lui les filets que nous avions apportés.

« Cette fois je ne me fiai plus à la cage, et je lui passai une petite chaîne autour du cou. Il ne fallut pas moins d'une heure pour enchaîner ce petit animal.

« A partir de ce moment, il ajouta la sournoiserie à ses autres vices. Ainsi il lui arriva, quand il venait prendre sa nourriture de ma main, de me regarder bien en face pour occuper mon attention, et en même temps d'avancer son pied et de m'accrocher la jambe. Il mit plusieurs fois mon pantalon en pièces.. Enfin je me vis obligé de prendre des précautions infinies pour l'approcher. Les nègres ne pouvaient passer près de lui sans le mettre en fureur.

« J'avais rempli de foin une moitié de tonneau placée près de lui pour lui servir de couchette. Dès le premier moment il en comprit l'usage. C'était plaisir de le voir remuer le foin et se blottir dans ce nid. La nuit venue, il en prenait des poignées pour se couvrir, une fois qu'il s'était pelotonné dans son nid.

« Il mourut subitement dix jours après sa seconde escapade. On l'eût cru en bonne santé à le voir manger les aliments qu'on lui apportait chaque jour. Sa mort fut accompagnée de quelques souffrances. »

Il eut un remplaçant quelques mois plus tard. Cette fois, M. du Chaillu prit part à la capture du jeune animal.

« Nous marchions en silence, raconte-t-il, lorsque j'entendis un cri, et tout à coup je vis devant moi une femelle, avec un tout petit gorille suspendu à son sein et qu'elle allaitait. La mère caressait le petit et le couvait tendrement des yeux. Ce tableau était tout à la fois si gracieux et si touchant, que je demeurai en suspens, me demandant, avec quelque émotion, si je ne ferais pas mieux de les laisser en paix. Mais avant que j'eusse pris un parti, mon chasseur fit feu et tua la mère.

« La mère était tombée, mais le petit restait attaché après elle, et tâchait, par ses cris pitoyables, d'exciter son attention. Je m'avançai, et quand il me vit, le pauvre petit animal cacha sa tête dans le sein maternel. Il ne pouvait encore ni marcher, ni mordre ; aussi n'eus-je pas de peine à m'en rendre maître. Je l'emportai, tandis que mes hommes se chargeaient de la mère, qu'ils suspendirent à un bâton. Arrivés au village, on déposa le corps à terre et je mis le petit à côté. Dès qu'il aperçut sa mère, il se traîna vers elle et se jeta sur son sein ; mais il ne trouva pas sa nourriture accoutumée, et je vis qu'il commençait à soupçonner la vérité. Il se roula sur le corps et le flaira en laissant échapper de temps en temps un cri plaintif, « hoo, « hoo, hoo, » qui m'attendrissait malgré moi.

« Je cherchai inutilement du lait pour ce pauvre petit qui ne pouvait pas encore manger, et qui mourut trois jours après avoir été pris. Il paraissait d'un naturel plus docile que le premier, car il reconnaissait ma voix, et il essayait de se mouvoir de mon côté quand il me voyait. »

Une troisième fois M. du Chaillu réussit à se procurer un jeune gorille vivant. Voici dans quelles circonstances.

Il était en chasse depuis une heure, quand le cri d'un petit gorille appelant sa mère se fit entendre. Deux hommes qui étaient en avant se mirent à ramper en gens habitués à la vie des bois. Au bout d'une demi-heure deux coups de feu retentissent. M. du Chaillu accourt et trouve la mère gorille frappée à mort, mais le petit s'était sauvé dans le bois.

On se cacha pour guetter son retour. Ce ne fut pas long. Il reparut, sauta sur sa mère et se mit à la teter et à la caresser. Les chasseurs s'élancèrent aussitôt. Quoique évidemment le petit animal n'eût pas encore deux ans, il se débattit avec tant de force qu'il réussit à s'échapper. On le reprit cependant, et quelques minutes après, il était attaché, non sans qu'un des hommes eût été fortement mordu au bras par ce petit démon.

C'était une femelle. Ramené près de sa mère, il se précipita sur elle, enfouit sa tête dans le sein maternel; c'était un tableau émouvant.

Malheureusement cette petite femelle ne vécut que dix jours. Elle n'était pas aussi féroce que le jeune mâle dont il a été question plus haut, mais elle était tout aussi sournoise. S'approchait-on d'elle, c'étaient les mêmes démonstrations menaçantes; ses yeux, quoique plus doux, avaient le même regard fauve et traître. « Comme mon intraitable captif, elle attachait ce regard sur le mien quand elle méditait quelque mauvais coup, écrit M. du Chaillu, puis, prompte comme l'éclair, elle s'appuyait d'un côté à terre sur un bras et sur une jambe, et me détachait de l'autre un coup de pied pour m'agripper avec ses doigts. J'étais alors fort heureux d'échapper au vigoureux accroc de son orteil. Tous ses mouvements étaient d'une agilité remarquable, et sa force, eu égard à son âge et à sa petitesse, était vraiment extraordinaire. »

LES OURS

I. L'Ours gris.

De tous les quadrupèdes de l'Amérique, celui-ci est le seul qui soit vraiment redoutable; aussi ses mœurs, ses habitudes, ses exploits, sont-ils le thème favori des chasseurs de l'Ouest. Sa taille est énorme, sa force prodigieuse, sa vitesse bien supérieure à celle de l'homme qui cherche à lui échapper par la fuite. Ses ongles ont jusqu'à neuf pouces de longueur. Quoique très-friand de fruits, de glands et de racines, il est carnassier autant qu'herbivore. Il attaque le bison, le terrasse et le traîne jusqu'en un lieu où il puisse s'en repaître en liberté. Si l'homme l'affronte, il se dresse sur ses pattes de derrière et accepte le combat, et même quand la faim le presse c'est lui qui est l'assaillant. Blessé, il devient furieux, et alors les rôles changent; l'homme est chassé. Il était jadis connu sur le Missouri et dans les terres basses, mais, comme

Chasseurs chassés par l'ours

les tribus des prairies, il a graduellement battu en retraite devant la civilisation, et on ne le trouve plus
guère aujourd'hui que dans les régions élevées, dans
les montagnes Rocheuses, par exemple, et dans les
Côtes-Noires, grande chaine située à environ trente-
trois lieues à l'est des précédentes. Il s'y cache,
soit dans les cavernes, soit dans les trous creusés
par lui, sous des racines et des troncs d'arbres renversés.

Rouges ou blancs, les chasseurs considèrent la
chasse de l'ours comme la plus héroïque de toutes
celles qu'on peut faire sur le continent d'Amérique.
C'est à cheval qu'ils l'attaquent de préférence, et ils
s'en approchent quelquefois d'assez près pour lui
roussir le poil ; mais malheur au cheval et au cavalier
qui se trouvent à portée de ses terribles griffes !
L'homme doit avoir l'œil et la main assez sûrs pour
frapper l'animal en un endroit vital, car il est très-dif-
ficile à tuer et rarement un coup est mortel s'il ne
traverse le cœur ou la tête.

Des Américains en expédition commerciale avaient
un soir établi leur camp au pied des Côtes-Noires.
Bientôt, aux traces nombreuses empreintes parmi les
buissons, ils reconnurent que leurs tentes étaient
dressées juste au beau milieu d'un des rendez-vous
d'ours gris. Dès lors tout le charme du campement fut
détruit. La nuit cependant se passa bien, mais on eut
la preuve le lendemain qu'on avait eu raison de
craindre.

Parmi les engagés se trouvait un certain William

Cannon, qui avait été soldat dans un des postes fron-
tières. C'était un chasseur sans expérience et un pauvre tireur, ce qui l'exposait aux railleries de ses
camarades. Piqué de leurs plaisanteries, il s'était conti-
nuellement exercé, mais sans succès. Dans le cours
de l'après-midi il sortit, seul, et à sa grande joie il
eut la bonne fortune de tuer un bison. Comme il était
à une distance considérable du camp, il coupa la langue et quelques-uns des meilleurs morceaux, en fit
un paquet et l'emporta sur ses épaules au moyen d'une
courroie passée autour de son front comme les voyageurs transportent les paquets de marchandises, et il
se dirigea tout glorieux vers le camp. Tout à coup, en
passant par une étroite ravine, il entendit marcher
derrière lui. Il se retourne, et voit, à sa grande terreur, qu'il est suivi par un ours gris, attiré apparemment par l'odeur de la viande. Cannon avait tant entendu parler de l'invulnérabilité de cet animal, qu'il
n'essaya seulement pas de le tirer, mais ayant ôté la
courroie de son front, il laissa tomber son paquet de
viande et se mit à courir. L'ours, sans s'arrêter au gibier, continua de poursuivre le chasseur. Il était près
de le saisir lorsque Cannon atteignit un arbre et
monta, après avoir jeté son fusil par terre. L'instant
d'après, Martin était au pied de la forteresse. Mais
comme cette espèce d'ours ne grimpe pas, il se con-
tenta de changer la poursuite en blocus. La nuit vint.
Cannon ne pouvait savoir, dans l'obscurité, si son
ennemi était toujours là, mais sa frayeur le lui repré-
sentait comme une sentinelle infatigable. Il passa donc

la nuit dans l'arbre en proie aux plus horribles imaginations. Au point du jour l'ours était parti. Cannon descendit avec précaution, ramassa son fusil et regagna promptement le camp, sans s'amuser à aller chercher la chair du bison.

John Day, vieux chasseur de Virginie, suivait en compagnie d'un jeune novice la piste d'un daim, quand à trente mètres de distance un ours gris énorme, sorti d'un buisson, se dressa sur ses pattes de derrière, et poussant un effroyable grognement, exhiba tout un arsenal de griffes et de dents. La carabine du jeune homme s'abaissa en un instant ; mais la main de fer de John Day fut aussitôt sur son bras. « Paix ! garçon, paix ! » dit le vétéran entre ses dents, sans détourner les yeux de l'ours.

Les deux chasseurs restèrent immobiles. Le monstre les regarda pendant plusieurs minutes, mais se laissant tomber sur ses pattes de devant, il se retira avec lenteur.

Au bout de quelques pas, il se retourna, se releva encore et répéta sa menace. La main de Day se posa de nouveau sur le bras de son jeune compagnon, tandis qu'il lui répétait entre ses dents : « Paix ! mon garçon ; tenez-vous tranquille, tenez-vous tranquille; » avertissement peu nécessaire, car le jeune homme n'avait point fait un mouvement.

L'ours se remit à la fin sur ses quatre pattes, fit encore une vingtaine de pas, puis se retourna, se redressa, montra ses dents et grogna sur nouveaux frais. Cette troisième provocation échauffa la bile de John

Day. « Par Jupiter! s'écria-t-il, je ne puis pas supporter cela davantage! » et en un instant sa balle

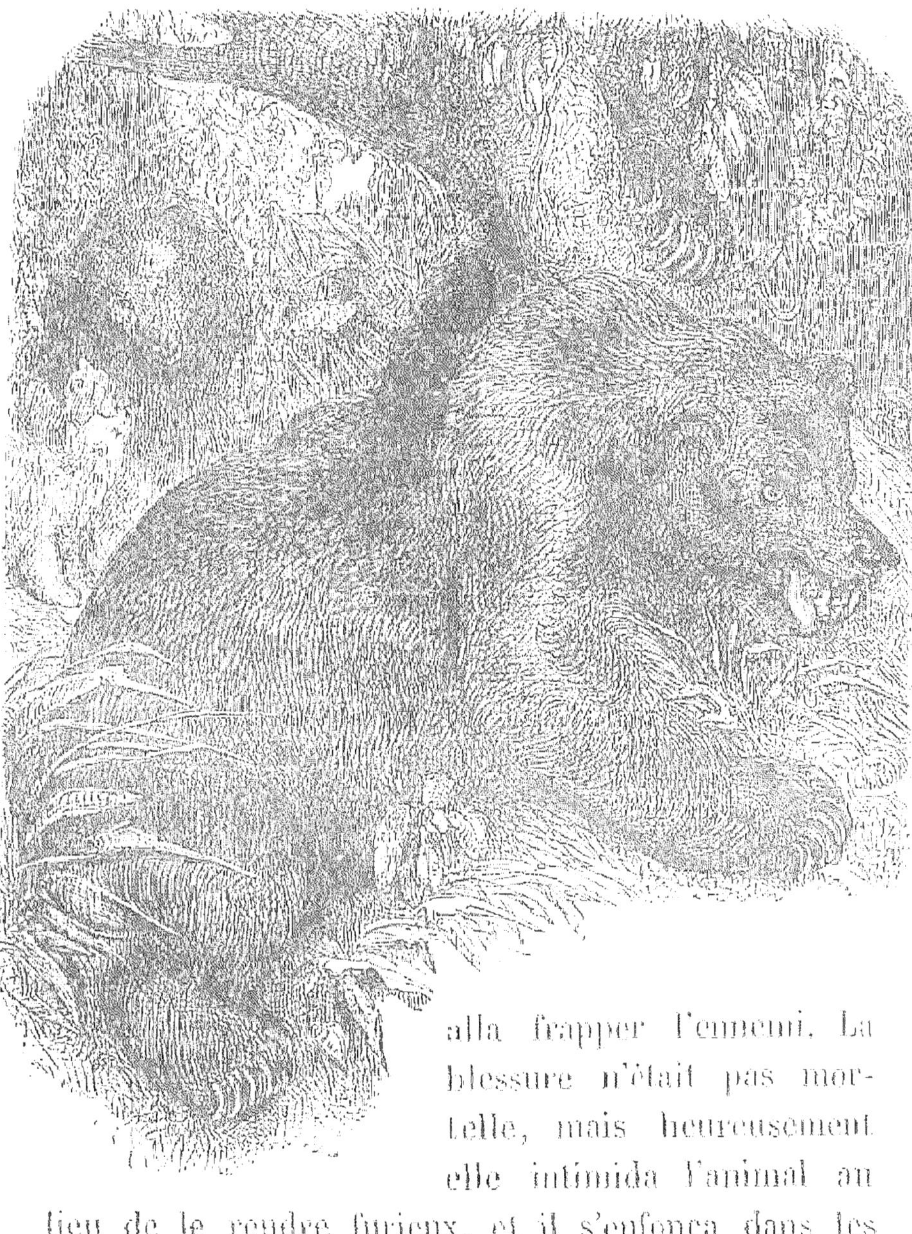

alla frapper l'ennemi. La
blessure n'était pas mor-
telle, mais heureusement
elle intimida l'animal au
lieu de le rendre furieux, et il s'enfonça dans les
broussailles.

Le jeune compagnon de Day lui reprochant de n'avoir pas su pratiquer la patience qu'il enseignait aux autres : « Voyez-vous, mon garçon, répliqua le vétéran, la prudence est une bonne chose, mais il ne faut pas trop endurer, même d'un ours. Est-ce que vous voulez que je me laisse molester toute une journée par une semblable vermine[1] ? »

Un chasseur, en poursuivant un daim, tomba dans un de ces puits profonds qui restent dans les prairies après les grandes pluies, et sont connus sous le nom d'*égouts*. A son inexprimable horreur, il se trouva en contact, au fond de ce trou, avec un ours gris d'une grandeur énorme. Le monstre le saisit : une lutte terrible s'engagea, et le malheureux chasseur, grièvement mordu, ayant eu un bras et une jambe fracassées, réussit néanmoins à tuer son formidable ennemi. Pendant plusieurs jours il resta au fond du puits, se nourrissant de la chair crue de l'ours. Enfin, il reprit assez de force pour grimper au sommet du puits, gagna en rampant un ravin formé par un ruisseau presque sec, et but avec délices de l'eau fraiche qui le ranima un peu, en se trainant d'une flaque d'eau à une autre, il se soutint avec de petits poissons et des grenouilles.

Un jour, il vit un loup tuer un daim dans la prairie voisine. A l'instant il rampa hors du ravin, effaroucha le loup, et se coucha à côté du daim, il y resta assez de temps pour faire plusieurs repas succulents qui lui rendirent une partie de ses forces.

---

[1] *Asteria.*

En retournant au ravin, il suivit le cours du ruisseau jusqu'à un point où celui-ci se change en une rivière assez forte. Il descendit cette rivière en se laissant aller au courant, et, juste à son embranchement dans le Missouri, trouva un arbre tombé qu'il lança avec quelque difficulté, et, se mettant dessus à califourchon, il flotta jusqu'en face du fort, à Conneil-Bluffs. Heureusement il arriva de jour; autrement il aurait pu passer inaperçu devant ce poste solitaire. On envoya un canot à son secours; il fut débarqué plus mort que vif; on le guérit de ses blessures, mais il resta mutilé[1].

II. L'ours brun.

La manière dont les paysans russes font cette chasse mérite seule d'être décrite.

L'arme des Finlandais est une lance. A un pied de distance à peu près de la pointe est placée en croix une barre de fer. Le but de cette disposition est d'empêcher que l'arme ne pénètre trop avant dans le corps de l'animal, et que celui-ci, quoique traversé de part en part, ne vienne tomber sur le chasseur.

Dès que ce dernier a découvert l'endroit où l'ours a pris son quartier d'hiver, il va se poster en compagnie de son chien près de l'entrée. Le roquet aboie, l'homme crie, et tous les deux, faisant le plus grand bruit pos-

[1] Washington Irwing, *Voyage dans les prairies.*

Celui-ci marche droit à la rencontre de l'ours.

sible, cherchent à irriter le solitaire et à l'amener hors de son antre.

Longtemps l'ours hésite ; mais à la fin, fatigué de ces provocations, il se décide, et, furieux, se précipite en avant.

A la vue du paysan, il se dresse sur ses jambes de derrière et s'élance.

Mais le Finlandais ne l'attend pas ; tenant en avant le fer de sa lance serrée contre sa poitrine, il a soin d'en dissimuler le manche, afin que la longueur de l'arme n'éveille pas la méfiance de l'animal, qui autrement parerait avec ses pattes le coup que le chasseur s'apprête à lui porter. Celui-ci marche droit à la rencontre de l'ours, et quand la distance entre eux est si petite que le monstre, étendant ses bras, est sur le point de l'atteindre, tout à coup l'arme se détend, et, dirigée d'une main ferme, d'un œil sûr, traverse le cœur de l'ours.

N'était la barre de fer placée en travers, l'animal arriverait sur l'homme, et, quoique frappé à mort, pourrait lui faire encore un mauvais parti. Mais cette barre l'arrête dans son élan ; bientôt le chasseur l'a renversé. « Ce qui paraîtra extraordinaire, dit un voyageur naturaliste, c'est que l'ours, au lieu de chercher à arracher la lance, la tient ferme avec ses pattes et l'enfonce plus avant dans la blessure. »

Ce triomphe se termine par une petite fête où il y a toujours un poëte pour chanter la vaillance du chasseur.

L'emploi des peaux d'ours, comme fourrures, n'est

pas toujours sans inconvénient, et je ne m'écarterai pas de mon sujet en citant à ce propos un épisode du voyage d'Acerbi.

Il traversait en traineau le golfe de Finlande, entièrement gelé. « Je m'attendais, écrit-il, à parcourir une plaine sans limites et d'un aspect monotone. Quels furent mon étonnement, mon admiration, mon effroi même, à mesure que nous nous éloignions de notre point de départ ! D'énormes masses de glace amoncelées les unes sur les autres s'élevaient, tantôt en forme de rochers, tantôt en pyramides aiguës. Que de détours pour éviter ces groupes de glace qui nous barraient le chemin. Malgré toutes les précautions, nos traîneaux, renversés tour à tour, forçaient la caravane à s'arrêter. Une circonstance impossible à prévoir vint encore accroître les dangers qui nous entouraient. La vue de nos longues pelisses, faites de loup ou d'ours de Russie, et l'odeur qu'elles exhalaient, effrayèrent quelques-uns de nos chevaux et les rendirent furieux. Lorsqu'il fallait nous dégager de nos traineaux renversés, les chevaux nous apercevaient, et, nous prenant pour les animaux dont nous portions la dépouille, se débattaient dans leurs harnais ou prenaient le mors aux dents. Le paysan, tremblant de perdre son cheval, s'enchaînait, pour ainsi dire, à la bride, et, plutôt que de lâcher prise, se laissait, au risque de la vie, traîner sur les glaçons jusqu'à ce que le cheval s'arrêtât. Alors nous regagnions nos traineaux, tandis que le conducteur, instruit par l'expérience, prenait la précaution de bander les yeux à ses chevaux. Un de ces animaux cependant, le plus sauvage et le plus fougueux de notre caravane, ayant également pris l'épouvante, parvint à s'échapper entièrement. Le paysan qui le conduisait, longtemps traîné sur la glace, lâcha enfin la bride ; alors le cheval, libre de toute contrainte, redoubla de vitesse et franchit tous les obstacles ; le traîneau qu'il emportait bondissant sur les glaces, ajoutait à son effroi et lui prêtait des ailes. Nous le suivîmes longtemps de l'œil à mesure qu'il s'enfonçait dans l'horizon ; nous l'apercevions de temps en temps sur les sommités des vagues glacées comme une tache noire qui diminuait insensiblement ; il disparut totalement. Son maître prit un traîneau de réserve, se mit à sa poursuite, et se flatta de le retrouver en suivant ses traces. Pour nous, nous continuâmes notre route vers les îles d'Aland, en prenant, autant qu'il nous était possible, le milieu des passages les plus unis, non pas toutefois sans être souvent encore renversés et en danger de perdre l'un ou l'autre de nos chevaux, ce qui nous aurait plongés dans le dernier embarras.

III. L'Ours blanc.

L'ours blanc jouit d'une réputation de férocité qui ne le cède pas à celle de l'ours gris, et ce n'est pas ce que nous allons raconter qui le réhabilitera.

Un navire qui revenait de la Nouvelle-Zemble ayant jeté l'ancre devant une des îles qui sont à l'entrée du détroit de Waigatz, deux matelots eurent la curiosité de visiter cette île.

Après s'y être promenés pendant quelque temps, ils s'assirent en vue du vaisseau sur le bord de la mer.

Ils devisaient tranquillement, quand, tout à coup, l'un d'eux se sentit saisir fortement par le derrière du cou.

Il crut d'abord à une de ces grosses plaisanteries que les matelots se permettent. — Qu'est-ce qui me serre ainsi? s'écrie-t-il !

L'autre se retourne, pousse un cri d'effroi : — Oh ! mon Dieu, c'est un ours ! et il se sauve.

C'était en effet un ours blanc énorme, fort maigre, qui s'était approché en tapinois des deux marins, et qui bientôt n'eut fait qu'un cadavre de celui qui était tombé entre ses pattes.

Aux cris désespérés de l'autre, l'équipage, armé de piques et de fusils, se jette dans les canots, débarque dans l'île, va droit à l'ours acharné après sa proie.

Celui-ci les voit s'approcher sans s'émouvoir, sans discontinuer son repas, et quand ils sont à portée, il se redresse, s'élance sur eux, en saisit un par le milieu du corps, le terrasse, l'entraîne à la vue des autres stupéfaits, le déchire à belles dents.

A ce spectacle, la panique se mit parmi les matelots; ils se sauvent plus vite qu'ils n'étaient venus, se précipitent dans les barques, et, fous de terreur, escaladent leur vaisseau.

Une fois en sûreté, le courage leur revient, ils ont

L'ours était accroupi sur les deux cadavres.

honte d'eux-mêmes, s'excitent mutuellement, et la proposition est faite de retourner en masse à terre, et d'attaquer le féroce animal partout où on pourra le rencontrer.

Cependant quelques-uns protestèrent, et leur sage discours mérite d'être transcrit tel que l'historien l'a rapporté :

« Nos camarades sont morts, disaient-ils, nous ne pouvons plus les rendre à la vie ; il ne reste plus aucun espoir de les sauver ; n'irons-nous à la rencontre de leur meurtrier que pour contempler leurs membres épars çà et là, et renouveler notre douleur à la vue de leurs os brisés et dépouillés de chair ; quel honneur y a-t-il à courir après une victoire sans gloire, et qu'il faudra acheter au prix de mille dangers ? »

Combien furent-ils que cette éloquence ne toucha point ? Trois ! Ils partent à l'instant même, ne se fiant qu'à leur courage, et bien sûrs de n'être pas secourus.

Accroupi sur les deux cadavres, le vainqueur était en train de profiter de sa victoire. Ils s'avancent, et de trop loin apparemment, tirent plusieurs coups sans l'atteindre. Alors le plus brave des trois se détache des autres, s'approche, prend le temps d'ajuster et atteint l'ours un peu au-dessus de l'œil d'une balle qui lui traverse la tête.

L'ours n'est pas tombé ; il n'a pas même lâché sa proie. Loin de là, il se lève, et tenant le cadavre par le cou, il l'emporte en fuyant. Cependant à peine a-t-il fait quelques pas qu'on le voit chanceler, les matelots l'attaquent à coup de sabre. La terrible bête tombe enfin, mais ne lâche pas son homme. On lui enfonça une baïonnette dans la gueule, ce fut le coup de grâce.

Alors les braves gens ramassèrent les restes de leurs camarades; on les enterra dans l'île en présence de tout l'équipage qui put venir à terre sans manquer aux règles de la prudence.

La peau de l'ours fut adjugée à celui qui avait porté le premier coup à l'animal; elle avait treize pieds de long.

Autre histoire pour montrer combien l'ours blanc a la vie dure.

Nous sommes à bord d'un navire du capitaine Jonge Kees. C'est le soir; on a dépecé force lard de baleine pendant la journée. Le capitaine et son monde, accablés de fatigue, sont allés se coucher; il ne reste sur le pont que la garde ordinaire. Le navire était amarré à un banc de glace; sur ce banc les hommes de service aperçoivent un ours couché et sans doute endormi. « Allons le surprendre, se disent-ils, et partons le plus doucement possible, afin de n'éveiller personne. » Mais ils ne purent éviter de faire quelque bruit en détachant le canot. Le capitaine qui ne dormait que d'une oreille, les entend; il rêvait justement baleine, il croit qu'on vient d'en découvrir une, se lève, monte sur le pont, apprend de quoi il s'agit, vérifie le fait avec sa longue-vue, juge qu'un canot ne suffit pas, en fait armer deux et part avec ses hommes.

L'ours vit approcher cette petite armée sans montrer

d'abord aucune inquiétude ; mais-quand les canots furent très-près du banc, sans attendre davantage, il quitta sa place et se mit à l'eau.

On le suit à force de rames, on le gagne de vitesse, et le capitaine a l'honneur de lui décocher le premier coup, un coup de lance bien frappé, qui éventre l'animal, et met ses boyaux à découvert. On eût pu redoubler, mais comme c'était sa peau qu'on voulait, dans la crainte de l'endommager, on résolut de s'en tenir là, et de lui donner le temps de mourir de cette première blessure. Cela ne pouvait être long.

Cependant, l'animal, nageant toujours, arrive près d'un petit îlot, qui s'élevait de 5 pieds seulement au-dessus de l'eau ; il parvient à s'y hisser au grand étonnement des matelots qui ne l'eussent pas cru capable d'un tel effort ; il s'y blottit, le museau sur les pattes de devant.

Alors le capitaine s'impatiente. Il fait gouverner sur l'îlot, y prend pied et avec une lance longue de neuf brasses, s'apprête à porter un second coup. L'ours qu'il croyait à peu près mort, rugit, fait un bond gigantesque, tombe sur lui, lui applique une patte sur le côté, l'autre sur la poitrine, et lui montre deux rangs de dents blanches.

Il resta dans cette pose qu'un peintre eût payé cher, regardant l'homme comme « s'il eût voulu, dit le rapport, que j'essaye de mettre en français, lui donner le temps de considérer toute l'horreur de son supplice, et faire durer sa cruelle vengeance. »

« L'équipage, continue le rapport, n'eût pas plutôt vu le danger imminent de son chef, qu'il se mit... à crier de toutes ses forces vers le navire pour appeler des secours. »

Mais un matelot, qui n'espérait pas que l'ours poussât la complaisance jusqu'à attendre l'arrivée des secours, grimpa sur l'îlot et, armé d'une gaffe, courut à la défense du capitaine, à l'attaque de l'ours. La gaffe était une arme assez mal choisie; heureusement à la vue de ce nouvel adversaire, l'animal prit la fuite. Le capitaine n'avait même pas une égratignure.

Un renfort arrivait à force de rames; on l'attendit, on tint conseil. L'ours n'avait pas été loin, et s'était couché sur le banc de glace. Attaqué d'abord à coups de fusil, ensuite à coups de lance, il succomba enfin, mais tout l'équipage avait dû s'en mêler.

LE TIGRE

I

« Assis au feu du bivouac dans les forêts du Don,
j'ai quelquefois entendu un gémissement profond et
prolongé roulant comme à ras du sol... Les serviteurs
indigènes, échangeant entre eux des regards d'intelligence, cessaient, effrayés, leur causerie sur le prix
du grain ; et bientôt après la conversation roulait sur
d'innombrables cas de mort ou de blessures causés
par l'ennemi le plus sauvage et le plus rusé que le
sportsman puisse rencontrer dans l'Inde. »

Ainsi s'exprime, au début de ses récits de chasse, le
capitaine Dunlop de l'armée anglaise des Indes[1]. Je lui
emprunterai encore quelques traits de la physionomie
du tigre ; en pareille matière ce sont les chasseurs qui
ont la parole et c'est aux naturalistes d'écouter, de
comparer et de s'instruire.

[1] *Voyages et chasses dans l'Himalaya.*

C'est par ce soupir plaintif que le tigre royal annonce sa présence aux hôtes des forêts ; en compagnie
d'animaux de son espèce, il fait *ronron* comme un gigantesque matou ; ses élans lorsqu'il charge sont accompagnés d'une série de grognements rapides,
effrayants, en manière de toux, « mais, dit le capitaine, j'ai entendu un ours qui chargeait faire presque
le même bruit, » et M. Louis Viardot dit la même
chose[1]. D'un coup de patte il brise les os d'un bœuf;
il l'emporte ensuite comme un chat emporte une souris,
sans effort apparent et c'est à peine si les jambes de la
victime traînent sur le sol.

C'est ce que put expérimenter à ses dépens le chasseur dont je vais vous raconter l'histoire.

II

Montés sur des éléphants, quelques Européens,
parmi lesquels se trouvaient des planteurs d'indigo et
des officiers d'un régiment indigène, partirent de
Bombay, dans l'intention de se livrer au noble plaisir
de la chasse au tigre. Ils n'avaient pas encore atteint
la lisière de la forêt, que le bruit de leur marche fit
lever une énorme tigresse, qui, loin de fuir, attaqua

---

[1] « L'ours s'avançait résolûment en droite ligne, la tête levée,
et poussait de loin en loin un souffle bruyant comme celui d'un
chat qui fait tête aux aboiements d'un chien. » (*Souvenirs de
chasse*, p. 791.)

avec fureur la ligne d'éléphants. Un de ces animaux, qui voyait le tigre pour la première fois , s'épouvanta, et malgré les efforts du chasseur qui le montait , fit voir ses talons à la terrible bête. Celle-ci, s'élançant à sa poursuite, saute sur le dos de l'éléphant, saisit le chasseur par la cuisse , l'entraîne à terre, le jette sur ses épaules aussi facilement qu'un renard eût fait d'une volaille, et court en bondissant vers la forêt. Tous les fusils s'étaient à la fois dirigés vers elle, mais aucun chasseur n'osait tirer, dans la crainte de frapper son infortuné compagnon.

On ne tarda pas à les perdre de vue, mais on put les suivre à la trace du sang répandu par la victime. Bientôt les traces devinrent de plus en plus rares et plus faibles, et arrivés au cœur de la forêt, ne sachant pas de quel côté diriger leurs pas, les chasseurs désespérés allaient renoncer à leur poursuite , quand, au moment où ils s'y attendaient le moins , ils aperçurent le tigre et sa proie étendus l'un et l'autre dans les hautes herbes. La bête était morte. L'homme, les yeux grands ouverts, avait encore sa connaissance ; mais sa cuisse restait serrée entre les mâchoires de la tigresse et sa faiblesse était telle qu'il ne pût répondre aux questions de ses amis. Il fallut, pour le dégager de la terrible étreinte, couper la tête de l'animal et désarticuler ses mâchoires. Heureusement, un chirurgien était là ; les premiers soins purent être donnés au blessé , qui fut ensuite transporté à l'habitation la plus rapprochée du théâtre de cette scène affreuse.

Lorsqu'il eut recouvré ses forces, voici ce qu'il raconta :

Étourdi par sa chute, épuisé par la perte de son sang et par la douleur, il s'était évanoui quelques instants après que le tigre l'eut saisi. Lorsqu'il revint à lui, il se vit sur le dos de l'animal qui trottait d'un pas rapide à travers le fourré ; à chaque instant sa figure et ses mains se déchiraient au contact des broussailles à travers lesquelles le tigre l'emportait. Sa perte lui parut certaine, et il demeura immobile résigné à son sort. Cependant la pensée lui vint qu'il avait à sa ceinture une paire de pistolets ; il se saisit de l'un d'eux, et l'ayant dirigé vers la tête de l'animal, il fit feu ; la tigresse le secoua rudement, ses dents s'enfoncèrent plus avant dans les chairs de sa victime, elle précipita sa course, et ce fut tout ! Le malheureux s'évanouit de nouveau. Lorsqu'il revint à lui, il voulut essayer de sa dernière chance ; il prit donc son second pistolet, et cette fois visa sous l'omoplate, dans la direction du cœur. Le coup part, la tigresse tombe roide morte, sans lutte ni gémissement. Quant au chasseur, épuisé par ce suprême effort, il n'eut pas la force d'appeler ses amis, bien qu'il les entendît approcher.

III

Revenons au capitaine Dunlop.

Il partit un matin du camp de Jubrawalla sur le bord de la Soqswa accompagné du major R... ; ils avaient avec eux sept éléphants. Il y a près de là une pièce de terre couverte de jeunes cotonniers et d'épais buissons de buis. Comme les chasseurs venaient de la traverser, ils aperçurent la carcasse d'un bœuf en partie dévoré par quelque animal, qui, selon toute apparence, avait depuis peu quitté ce festin. Le terrain était trop dur pour fournir des renseignements par les empreintes. Néanmoins, on se forma aussitôt en lignes et la battue commença le long d'une tranchée à sec en partie couverte par des jungles. Au premier détour de la route un animal sortit du fossé et pendant une seconde se tint debout sur le bord opposé à une soixantaine de pas des chasseurs. Un ghoorka déclara que c'était un veau ; c'était bel et bien une tigresse adulte.

Immédiatement la poursuite commença. L'animal coupa en travers d'une large pièce de terre dont le gazon avait été brûlé, mais tout ce qu'il pouvait faire, étant gorgé de nourriture, était de se tenir en avant de la ligne des sept éléphants lancés à fond de train.

Chemin faisant, la tigresse chargea droit à travers un troupeau de gros bétail, aussitôt dispersé ; enfin, après une course de plus de deux milles, elle atteignit une pièce de jungles qui traversait une profonde *nullah*, et la battue recommença. « Je venais à peine d'entrer dans la partie des jungles que je devais fouiller, que je la vis sous un buisson, couchée pour prendre son élan, et lui tirant un seul coup d'un fusil à canon lisse entre les yeux, je la fis rouler dans la nullah.

Elle se précipita à plusieurs reprises contre le bord pour remonter ; elle n'y put parvenir, toute troublée qu'elle était des effets de ma balle, qui lui avait brisé le crâne en grande partie, effleurée la cervelle et causé un épanchement de sang dans la gorge. Le coup était mortel, car il lui fut impossible de quitter la place, et R..., qui survint bientôt après, l'acheva d'une balle derrière l'oreille. »

Le corps fut hissé sur un des éléphants, non sans que celui-ci protestât à sa manière par une foule *d'imprécations et de jurements.*

Une autre fois, c'était en 1855, à la fameuse foire d'Hurdwar. De toutes les parties de l'Inde, du Tibet, du Panjâb, de l'Afghanistan et de la Perse, deux à trois millions d'hommes étaient accourus à ce rendez-vous religieux et commercial. M. Dunlop y assistait comme surintendant du district des montagnes.

Le second jour un indigène vint lui dire qu'au milieu de cet immense rassemblement, un tigre venait d'abattre un homme. Aussitôt le capitaine distribua des fusils à quelques officiers qui se trouvaient en visite auprès de lui, et les voilà partis au nombre de sept. Malheureusement il n'y avait aucun éléphant de chasse dans le camp, et il fallut se contenter de trois éléphants de selle, quoiqu'on fût à peu près certain qu'ils tourneraient le dos au bon moment. Chaque éléphant portait deux chasseurs ; le septième, M. O. Bradford, était à cheval.

A 300 mètres de là, ils trouvèrent le malheureux faucheur, le crâne fracassé, la cervelle à découvert. Un

... Et M. B. qui survint bientôt l'acheva.

peu plus loin on leur montra, au milieu d'un champ de blé, un buisson de 20 mètres carrés ; c'est de là que le tigre s'était jeté sur sa victime, et c'est là qu'il s'était réfugié.

Des milliers d'indigènes, voyant les chasseurs, se réunirent autour de la place, renfermant le tigre dans une enceinte vivante ; il était heureux que M. Dunlop et ses amis fussent sur des éléphants, car à pied il leur eût été impossible de décharger leur arme sans blesser la foule. Maintenant laissons parler le narrateur :

« Notre félin ami, évidemment arrivé à un degré de vive excitation, n'attendit pas notre arrivée; et nous chargea de son plein gré avec un cri de colère. Les trois éléphants firent volte-face d'un commun accord et coururent l'un contre l'autre en trompetant, ou plutôt en criant de frayeur, pendant que Bradfort dansait autour d'eux sur mon alezan Waverley. Plusieurs coups furent néanmoins tirés par notre quadrille avec une justesse tolérable, en ce sens que nul d'entre nous ne fut atteint, et qu'une balle envoyée à travers une patte de devant du tigre l'arrêta court dans sa charge et le renvoya sous le couvert.

« Une lutte active commença alors entre les éléphants et leurs cornacs, vu que nulle force morale ou physique, nulle caresse ou piqûre ne put les engager à s'approcher en ligne et à battre les buissons d'où était sorti le monstre qui leur avait troublé la cervelle. Enfin, pêle-mêle, et serrés comme des moutons, ils s'avancèrent de côté, à une cinquantaine de pas des buissons, dirigés seulement par les coups violents de

l'ankus, lorsqu'un second rugissement servit de pré-
lude à une nouvelle charge à fond de train. C'eût été
sans doute, à la manière dont elle était faite, une fuite
au repaire pour le tigre ; mais heureusement que
parmi les coups nombreux déchargés du haut des
howdahs, qui roulaient et tanguaient comme des bateaux en pleine mer, une balle lancée par Melville toucha l'épaule du tigre et l'envoya rouler à quatre pieds
de l'éléphant de Grant, où nous le vîmes couché sur
le dos, les pattes de derrière paralysées, se livrer à
l'exercice du pugilat avec ses pattes de devant. Le
mugissement des éléphants, le hurlement du tigre et
les cris de la foule produisaient une telle confusion
que l'éléphant de Melville fit une volte-face complète et
prit définitivement la fuite.

« Le hourrah qui suivit la chute du tigre venait à
peine de s'apaiser que celui-ci se dressa en chancelant
sur ses pattes et parvint à s'élancer en avant, principalement au moyen de celles de devant pendant quelques pas. Il répéta plusieurs fois cette manœuvre à
chaque décharge ; il semblait que chaque balle de carabine eût sur son système un effet révivifiant, comme
un sel volatil. Il se releva une dernière fois, lorsque
quelques-uns de nous descendirent de leurs éléphants
pour l'examiner de plus près. Il se trouva que c'était
un mâle, et l'un des plus grands que j'eusse jamais
vus. »

IV

Autre chasseur; récits semblables. Notre guide est maintenant M. Thomas Anquetil. La scène se passe en Birmanie, à quelques milles de Ngnyoun-gôò, dans une forêt au centre de laquelle un lac occupe l'emplacement d'un ancien monastère disparu dans un tremblement de terre. Ce lac est peuplé de gibier d'eau. Accompagné d'un Européen, M. le baron de L...., de ses domestiques et de quelques indigènes, dont un Laos, M. Thomas Anquetil était allé y chasser.

Longeant le lac à pied, le narrateur, en ce moment séparé de ses compagnons et suivi seulement d'un rameur indien à qui il avait remis sa carabine, venait de décharger sur une volée d'oiseaux les deux coups de son fusil. Aussitôt l'Indien de courir pour ramasser les morts et les blessés...

« Il n'était pas à 10 mètres, qu'un rugissement aigu, perçant et terrible, retentit, répercuté par les solitudes de la forêt, par les roches du voisinage... Aussitôt j'entendis un crépitement rapide, puis un tigre s'élance du sein des arbustes, qu'il brise comme de la paille...

« Le tigre était à quarante pas...

« L'Indien s'arrête, ajuste et fait feu...

« Nouveau rugissement... La bête féroce poursuit sa course...

« A vingt pas, l'Indien tire son second coup de carabine... Un cri épouvantable, un cri de terreur et d'angoisse y répond... Le tigre avait atteint et renversé d'un seul bond son adversaire ; il le déchirait et le mettait en pièces... »

M. Thomas Anquetil jette son fusil, prend son revolver de la main droite, son couteau de chasse de la main gauche, et se tient prêt... il ne pouvait tirer encore : l'homme et le tigre ne faisaient qu'un. Enfin l'animal, l'œil en feu, la gueule ensanglantée, et se fouettant les flancs de sa queue, abandonne le cadavre, se retourne contre le chasseur, se ramasse... Six coups de feu retentissent ; toutes les balles avaient porté ; l'animal roule sur le sol en jetant un grognement convulsif.

Au bruit, les hommes survinrent ; on se porta sur le terrain de la lutte.

« L'Indien n'était plus qu'un monceau informe ; il n'avait pas lâché ma carabine. Ses doigts crispés tenaient encore, d'une main, la poignée, de l'autre le fût de l'arme... le bois était brisé ; les canons étaient faussés et portaient la trace des griffes du tigre...

« La bête féroce, — c'était une femelle, — gisait sur le flanc gauche, les griffes roidies, les moustaches hérissées, les paupières contractées, la gueule dégouttante de sang, d'écume visqueuse et de lambeaux de chair pantelante. Elle appartenait à l'espèce dite *tigre royal*, ce que je reconnus à son poil ras, parsemé de raies noires et irrégulières sur un pelage fauve doré. Mais sa taille et sa longueur, la finesse des extrémités, la délicatesse des attaches, la grâce de ses formes, dénotaient qu'elle n'était pas tout à fait parvenue à son en-

tier développement. Je lui supposai de sept à huit ans.

« La première balle du rameur avait glissé sur les côtes, en labourant le flanc droit de la bête. La seconde avait porté dans les chairs à la naissance de l'épaule. Un pouce plus bas, l'Indien abattait le tigre, car il lui aurait cassé l'articulation. Évidemment il avait tiré, chaque fois, un peu trop précipitamment.

« Deux de mes six balles avait fracassé la mâchoire du tigre. Les quatre autres s'étaient logées dans la poitrine ; l'une d'elles avait effleuré le cœur.

« A peine notre inspection terminée, le Laos, qui avait tout observé avec soin, comprima sous ses doigts les mamelles un peu gonflées de la bête, et en fit sortir un liquide blanc jaunâtre, lactescent. Ce fut pour lui un trait de lumière. Il saisit son coutelas, s'éloigna sans proférer une parole et se mit en quête vers la pointe de la presqu'île, sondant chaque touffe de broussailles. Vivement agités, le baron et moi, nous apprêtâmes nos armes et nous nous mîmes à l'épier avec un intérêt croissant.

« A la pointe de la presqu'île, la plage, grasse et humide, présentait des empreintes ; les unes larges, profondes ; les autres presque imperceptibles. Le Laos en supputa la disposition. Les bêtes étaient venues se désaltérer là, après quoi elles étaient parties en changeant de piste.

« A un endroit où les herbes, les plantes et les arbrisseaux avaient été foulés, piétinés plus qu'ailleurs, de même que si plusieurs bêtes y eussent fait une halte, le Laos remarqua que le sillon de face, — celui qui provenait de la mère, — était beaucoup plus accusé que le léger affaissement qui se voyait sur la gauche. Ce dernier indice lui suffit. A quarante pas plus loin, il lui échappa une exclamation !

« Sous un berceau de nymphées, de lotus et de joncées fleuries, deux petits tigres, un peu plus gros que des chats, ronds comme des boules, se tenaient tapis l'un contre l'autre, attendant leur mère dans une sorte de frayeur farouche. Ils avaient peut-être trois semaines ou un mois, au plus.

« Le Laos ayant entr'ouvert, du bout de son dah, ce rideau verdoyant, ils écarquillèrent les yeux, allongèrent les griffes, montrèrent les dents et firent entendre un grognement. D'un coup du plat de son arme, il les étourdit tous les deux.

« Leur attacher les pattes avec des lianes, ôter sa veste, se dépouiller de son patsôo, — il était alors nu comme un ver, ce dont il ne se préoccupait pas le moins du monde, — fut pour lui l'affaire d'une demi-minute : ensuite il étendit sa veste sur le sol, y plaça les deux petits animaux, et noua les bouts opposés ; enfin, ayant déployé son patsôo, il enveloppa le paquet, y adapta une branche et se mit à porter son trophée sur l'épaule, à la façon des ouvriers rouleurs. »

V

Les chasseurs revenaient à travers la forêt. M. Thomas Anquetil et le baron de L... marchaient en tête et causaient.

« Tout à coup une haleine tiède glisse le long de ma joue; je me sens saisi à la ceinture par derrière et la voix grave du Laos murmure rapidement ces mots à mon oreille :

« — Chef, prends garde.

« — Que me veux-tu?

« — N'avance pas.

« — Qu'est-ce donc?

« — Un tigre! dit-il en étendant le bras.

« Ce dialogue s'échangea pendant que je prenais mon fusil mal à propos passé en bandoulière.

« Une petite éminence de 12 à 15 pieds surplombait la route. Autour d'un mangoustan de moyenne grosseur, s'épanouissait un bouquet de hautes malvacées. Le tigre, dont nous devinions le corps, mais dont nous n'apercevions encore que la tête, nous observait avec fixité, les reins adossés à l'arbre, le corps replié sous lui afin de doubler son élan. Il attendait que nous fussions arrivés en face de lui pour se précipiter sur nous à l'improviste, d'un seul bond ; or, l'intervalle qui nous séparait était à peine d'une trentaine de pas.

« Quand nous nous arrêtâmes pour l'ajuster, il comprit qu'il était éventé. Un faible mouvement de côté, de même que s'il eût examiné par où il pourrait fuir, trahit chez lui ce sentiment instinctif. Toutefois, obéissant à sa nature sanguinaire ou bien à son courage, il se retourna vers nous aussitôt, et pliant sur les jarrets de derrière, il se redressa pour s'élancer sur nous.

« Aussitôt je m'écriai vivement : Une ! deux ! trois !... Feu !

« Il tomba sur la route comme un bloc de plomb, à cinq ou six pas du pied de l'éminence, tant sa force d'impulsion était considérable. Chose surprenante : pas un cri, pas un rugissement !

« Il restait là, les pattes de devant étendues, celles de derrière cachées sous lui, le museau enfoui dans la poussière. On l'eût dit endormi. Mais était-il bien mort, ou seulement étourdi, évanoui ? Nous avançâmes en chargeant nos armes, tandis que mes gens le tenaient en joue.

« J'avais envie, ne le voyant pas bouger, de lui chatouiller la tête avec les balles de mon revolver, tout en restant à quelques pas de distance, car le tigre, de même que le lion, a parfois des soubresauts et des retours de furie qui sont extrêmement dangereux. Qu'il vous atteigne à ce moment-là, vous êtes perdu ; sa patte vous assomme, ses griffes vous éventrent et ses dents vous broient les membres, fût-il sur le point d'expirer.

« Le Laos m'en dissuada en disant que je gâterais la peau. Il me pria de le laisser faire ; j'y consentis, pourtant je continuai d'ajuster le tigre, à tout hasard.

« Le Laos déposa son fardeau à terre : les petits tigres. Ensuite, ayant pris son dah à deux mains, par l'extrémité du manche, il se plaça bien en face de la bête, et lui asséna un coup sur la tête avec tant d'adresse, avec tant de vigueur qu'il sépara le crâne en deux, comme font nos marchands d'abats.

« Quel tigre ! Le superbe animal ! C'était un mâle d'une croissance complète.

« Le Laos s'étant imaginé de faire flairer la bête aux deux petits tigres, toujours enveloppés dans le patsôo, ceux-ci piaillèrent et gigotèrent comme des enragés, au point qu'ils faillirent s'échapper. Il fut évident pour moi que le tigre était bien leur père. »

Le pauvre Laos finit fort mal. M. Thomas Anquetil lui avait fait cadeau d'un fusil et de munitions dont il se servait on ne peut mieux. Un jour, surpris par un tigre, il se mit promptement sur la défensive. Ses deux coups de feu ratèrent presque à bout portant. Il fut dévoré en un clin d'œil.

LE LION DE L'AFRIQUE AUSTRALE

I

Par les caractères physiques, les habitudes et les
mœurs, par la force, par la taille et par le courage, le
lion de l'Afrique australe, ou *lion à museau de chien*,
diffère notablement du lion de l'Afrique du Nord, et
c'est ce que quelques anecdotes vont mettre immédiatement en relief.

« Lorsque, dit Livingstone, vous rencontrez un lion
en plein jour, circonstance assez fréquente dans ces
parages, si, échappant à des idées préconçues, vous
ne croyez pas avoir sous les yeux quelque chose de
très-majestueux, vous voyez tout simplement un animal un peu plus fort que le plus gros dogue que vous
ayez jamais vu, et dont les traits se rapprochent beaucoup de ceux que présente la race canine; la face du
lion ne ressemble guère à celle que la gravure nous
offre ordinairement; le nez se prolonge comme le
museau d'un chien, et a fort peu de rapport avec celui

Le lion de l'Afrique australe.

dont les peintres conservent la tradition. Ces messieurs expriment en général l'idée qu'ils se font de la majesté féline en donnant aux lions qu'ils nous représentent la figure d'une vieille femme coiffée d'un bonnet de nuit; il leur serait pourtant facile de se renseigner d'une manière plus exacte en allant étudier la nature dans les jardins zoologiques. »

Mais il y a à dire à cela, d'abord que ce n'est pas le lion de l'Afrique australe que jusqu'ici les peintres ont pris pour modèle; ensuite que ce lion, quoique moins redoutable que le lion de l'Atlas, n'est cependant pas un animal aussi insignifiant que l'honorable voyageur tendrait à le faire croire.

II

Un des traits caractéristiques de cette espèce ou de cette variété, c'est sans contredit le nombre considérable des individus qui la représentent, en certaines parties de l'Afrique. Non qu'on trouve nulle part des armées entières de lions, comme le prétend l'auteur d'un ancien *Voyage à l'île de France*, mais il n'y a pas de voyageur qui n'ait occasion de noter que telle nuit en tel endroit, plusieurs lions, poussant d'horribles rugissements, ont rôdé autour des feux du bivouac.

Écoutons Le Vaillant : « De tous côtés nous entendions les bêtes féroces, et surtout les lions, crier et rugir d'une manière épouvantable. Il y eut particu-lièrement plusieurs de ces derniers qui, pendant toute

la nuit, vinrent rôder autour de mon camp, et remplir
d'effroi mes gens et mes animaux : ni nos feux, ni nos
mousqueteries ne purent les éloigner ; ils répondaient
avec une sorte de fureur aux rugissements de ceux des
environs, et semblaient les appeler au carnage et à une
attaque faite en force. Enfin, cependant, le jour nous
en délivra. »

Écoutons M. Moffat. Il était en tournée chez les
Barolongs. On avait fait halte auprès d'un étang ; la
nuit étant venue, on alluma les feux. Depuis quelques
minutes à peine le voyageur était rentré dans son wagon pour y passer la nuit, lorsqu'on entendit les bœufs
trépigner de frayeur. Un lion venait de saisir une
jeune vache qu'on avait négligé d'attacher, il la traîna
à une distance de 60 mètres ; on l'entendait briser les
os de la génisse qui poussait des cris lamentables. On
fit feu à plusieurs reprises dans la direction du bruit;
le lion répondait par des rugissements. Une fois même
il s'approcha des wagons; deux indigènes lui ayant
lancé des tisons enflammés, la vue de la flamme ne
fit que redoubler sa fureur; il s'élançait sur eux, quand
une balle, qui frappa le sol tout près de lui le fit rétro-
grader toujours rugissant.

Comme le combustible manquait, on profita de l'éloi-
gnement momentané du lion pour aller chercher du
bois. « Je n'étais pas encore loin, raconte M. Moffat,
lorsque j'aperçus entre moi et l'horizon quatre animaux dont l'attention paraissait avoir été éveillée par
le bruit que j'avais fait en brisant des branches sèches.
En y regardant de plus près, je reconnus que ces

nouveaux visiteurs n'étaient autres que des lions ;
aussitôt je battis en retraite en me traînant sur les
mains et les pieds jusqu'à l'étang, pour informer notre
guide du danger que nous courions. Je le trouvai non
moins effrayé que moi et regardant fixement dans une
direction opposée : là se trouvaient en effet deux
autres lions et un lionceau qui nous dévoraient du
regard, paraissant attendre nos démarches pour décider les leurs en conséquence. Par une illusion d'op-
tique que j'ai toujours observée dans l'obscurité, ils
semblaient avoir le double de leur taille réelle. Nous
nous empressâmes de nous retrancher dans le wagon,
et nous entretînmes de notre mieux le feu, tandis qu'à
quelques pas de nous, nous entendions le premier lion
déchirer et dévorer sa proie. Lorsqu'un des autres
animaux affamés qui rôdaient aux alentours faisait
mine d'approcher, il le poursuivait pendant quelques
instants avec des hurlements horribles qui faisaient
trembler nos pauvres bœufs et n'avaient rien de très-
rassurant pour nous-mêmes. Nous n'avions que trop
lieu de craindre que sur six lions il ne s'en trouvât
un qui s'élançât sur nous, sans se laisser arrêter par
notre misérable feu. Les deux Barolongs enviaient à
l'animal son succulent repas, et de temps en temps ils
laissaient échapper un soupir de regret à la pensée de
la perte de leur vache et de tout le lait qu'elle leur
aurait fourni. Un peu avant l'aurore, ayant avalé le
corps tout entier, le lion se retira, ne laissant derrière
lui que quelques débris d'ossements.

« Quand le jour fut venu, nous examinâmes la place,

et nous reconnûmes, aux traces du lion, qu'il était de
la plus grande taille, et qu'il avait seul dévoré la
génisse. Les traces des autres lions n'approchaient pas
à plus de trente toises de cet endroit ; deux chacals
seulement étaient venus lécher les débris. Bien qu'on
m'eût souvent parlé de l'énorme quantité de nourriture qu'un lion affamé peut absorber, il ne fallait rien
moins qu'une démonstration pareille pour me convaincre qu'un seul individu était capable de dévorer toute
la chair d'une génisse, sans compter un grand nombre
des os ; car il restait à peine une côte ou deux, et même
plusieurs os à moelle avaient été brisés comme avec
un marteau. »

Donnons maintenant la parole à Livingstone : « Tandis que je m'occupais de transférer notre demeure à
Kolobeng, il vint, écrit-il, un si grand nombre de lions
à Choanané, autour de nos maisons à demi-désertes,
que les naturels qui restaient avec mistress Livingstone
n'auraient osé pour rien au monde sortir de chez eux
dès que la nuit était arrivée. »

Nous pourrions multiplier ces exemples presque à
l'infini.

L'auteur qu'on vient de nommer fait observer quelque part que l'abondance des lions s'explique par
celle du gros gibier, et de cette dernière il nous donne
en maints endroits de son livre de merveilleux exemples. Je ne puis résister au plaisir de citer le passage
suivant :

« La vallée Kandéhy ou Kandehaï, qui se déploie au
nord de la montagne, est l'un des endroits les plus

pittoresques de cette partie de l'Afrique. Des arbres
fruitiers aux feuillages divers en garnissent les deux
rives; un ruisseau limpide serpente au milieu de la
prairie; des antilopes rougeâtres sont arrêtées sur le
bord de ce ruisseau, près d'un énorme baobab; elles
nous regardent et sont prêtes à gravir la colline; des
gnous, des tessibés, des zèbres, nous contemplent d'un
air surpris; quelques-uns continuent de paître avec
insouciance, les autres se redressent avec cet air de
mécontentement particulier qu'ils prennent au moment
où ils vont s'enfuir; un énorme rhinocéros blanc traverse la vallée, en flânant, sans nous apercevoir, et
semble jouir d'avance du bain de vase qu'il se promet;
plusieurs buffles, au sombre visage, se tiennent sous
les arbres, de l'autre côté des antilopes. »

Lisez encore ceci :

« Le Kafoué serpente au milieu d'une plaine couverte de forêts et s'enfuit pour s'unir au Zambèze,
qu'on aperçoit au loin flanqué de sombres montagnes
qui ferment l'horizon. Au moment où je regarde ces
montagnes, leur base est voilée de nuages floconneux
qui courent le long du fleuve, sur la rive gauche du
Kafoué, des centaines de zèbres et de buffles paissent
au milieu des clairières, de nombreux éléphants pâtu-
rent et ne paraissent mouvoir que leurs trompes.

« Tous ces animaux sont d'une extrême confiance;
nous voilà descendus de la montagne, et les éléphants,
arrêtés sous les arbres, s'éventent de leurs grandes
oreilles, comme si nous n'étions pas à 200 mètres de
l'endroit où ils se trouvent; de grands sangliers fauves

(*potamochœrus*) nous regardent avec surprise, et leur nombre est immense. La quantité d'animaux qui couvre la plaine tient du prodige ; il me semble être à l'époque où le mégathérium paissait tranquillement au sein des forêts primitives. »

Arrachons-nous à ces grands tableaux.

III

Une autre trait bien caractéristique de l'histoire du lion à museau de chien, c'est que les individus de cette espèce se réunissent souvent pour chasser la grosse bête.

« En hiver, pendant le jour, on voit fréquemment, écrit Delegorgue, des bandes de lions qui se réunissent pour cerner et pour rabattre le gibier vers les gorges, les passages boisés d'un accès difficile, où sont postés quelques-uns de leurs acolytes ; ce sont des battues faites en règle, mais sans bruit, où les émanations des lions suffisent pour contraindre au départ les herbivores auxquels elles arrivent. Une fois, à deux reprises, à quelques minutes d'intervalle, nous sommes tombés au centre d'une ligne de ces traqueurs ; ils étaient vingt d'abord, trente ensuite ; un rhinocéros paraissait être surtout l'objet de leur convoitise. »

Livingstone a vu un troupeau de buffles se défendre contre un certain nombre de lions en leur présentant les cornes ; les mâles étaient en avant, les femelles et les jeunes formaient l'arrière-garde.

MM. Oswell et Verdon chassaient sur les bords du Limpopo; trois buffles se levèrent à leur approche; un d'eux reçut une balle dans l'épaule. Tous s'enfuirent, poursuivis par les chasseurs. Ceux-ci gagnaient du terrain sur l'animal blessé, quand trois lions s'élancèrent subitement sur lui. « La lutte, raconte M. Vardon, nous offrit alors un spectacle magnifique; les lions appuyés sur leurs pattes de derrière, déchiraient le buffle avec rage de leurs dents et de leurs griffes. »

Trois contre un, ceci est évidemment une preuve de faiblesse, et même, en s'y mettant à trois, les lions de l'Afrique australe n'arrivent pas toujours à se rendre maitre d'un buffle, du moins quand ce buffle est une femelle qui a des petits à défendre. Un voyageur rapporte avoir vu en effet une femelle, adossée à une rivière qui la défendait par derrière, tenir cinq lions en échec, et les contraindre à battre en retraite. « Je tiens de bonne source, dit Sparrman, qu'un lion a été heurté, blessé et foulé aux pieds jusqu'à la mort par un troupeau de bétail que, pressé par la faim, il avait osé attaquer en plein jour. »

Il ne faut cependant pas s'exagérer la faiblesse relative de cet animal. On l'a vu au Cap prendre une génisse et l'emporter les pieds traînants avec autant de facilité qu'un chat emporte une souris; il sauta sans aucune difficulté, traînant son fardeau, un fossé qui se trouvait sur sa route. Deux fermiers étant à la chasse en virent un qui trainait un buffle de la plaine où il l'avait saisi sur un monticule couvert de bois; à la vérité l'animal avait eu la sagacité d'alléger le corps du buffle en le vidant.

Comment s'opère le partage du butin dans les expéditions faites en commun? Avec une certaine équité, il faut le croire, puisque les habitudes d'association persistent. Quand le vieux mâle conduit la bande, comme il se réserve tout le travail, il ne laisse aux autres que ses restes, et si ce n'est pas charitable, c'est juste. Voici alors comment les choses se passent : c'est un naturel qui parle.

« Quand plusieurs lions ensemble rencontrent quelque gibier, le plus vieux de la troupe s'avance en rampant vers l'objet de leur convoitise, tandis que les autres se couchent tranquillement sur l'herbe ; s'il réussit à s'en rendre maître, comme il arrive ordinairement, il laisse sa victime et se retire pour prendre haleine pendant un quart d'heure environ, pendant ce temps les autres lions s'approchent et se couchent par terre à une distance respectueuse. Quand le chef s'est reposé, il commence par attaquer la poitrine et l'abdomen, et après avoir fait main basse sur les morceaux les plus friands, il prend un nouveau temps de repos, sans qu'aucun de ses compagnons songe à remuer. Ce n'est qu'après avoir fait un second repas qu'il se retire et que les autres, attentifs à tous ses mouvements, se précipitent sur les restes qui sont bientôt dévorés. Dans d'autres occasions, quand un jeune lion s'est emparé d'une proie, et qu'un vieux lion vient à passer, le jeune se retire à l'écart jusqu'à ce que l'autre ait dîné. »

Les observations faites par M. Moffat, à la suite de cette attaque de nuit qu'il eut à soutenir et qu'on a rapporté plus haut, s'accordent entièrement avec ce récit.

Le même indigène vit un jour un lion qui se dirigeait en rampant vers une souche d'arbre de couleur noirâtre et assez semblable à une forme humaine. Quand l'animal s'en trouva à douze toises environ, il s'élança et manqua le but, de un pied ou deux, ce dont il parut très-mortifié. Après avoir flairé l'objet et reconnu sa méprise, il retourna tout honteux à son point de départ, sauta de nouveau sans plus de succès, recommença encore inutilement, et enfin, au quatrième essai, il parvint à mettre la patte sur cette proie imaginaire. Satisfait de lui-même, il s'éloigna.

Un autre Hottentot a raconté ce qui suit :

Une troupe de zèbres suivait un étroit sentier tracé au bord d'un précipice. Un grand étalon formait l'arrière-garde ; tout à coup, d'un rocher haut de 10 à 12 pieds, un lion se jette sur l'étalon et le manque. Le sentier contournait le rocher. Le lion comprit que s'il pouvait escalader celui-ci d'un seul bond, un second bond le porterait sur le dos de sa victime. Il essaye, et n'arrive que juste assez haut pour voir le zèbre qui s'enfuyait au galop en battant l'air de sa queue. Il essaya alors d'un second saut, puis d'un troisième, jusqu'à ce qu'il eût réussi. Pendant ce temps, deux autres lions arrivèrent, et après qu'ils se furent *entretenus à leur manière en rugissant*, le vieux lion leur fit faire le tour du rocher ; puis les ramenant au point de départ,

il sauta encore une fois devant eux, pour leur montrer
ce qu'il faudrait faire à l'avenir en pareille occasion. « Ils causaient évidemment ensemble, disait
l'Africain, mais bien que ce ne fût pas à voix basse,
je ne comprenais pas un mot de leur conversation ; et
craignant qu'il ne leur prît fantaisie d'exercer leur art
à mes dépens, je me retirai sans bruit, les laissant en
délibération. »

IV

Les Hottentots tiennent pour avéré qu'un lion ne
tue jamais tout de suite l'homme qu'il tient terrassé,
à moins que celui-ci ne l'irrite par sa résistance. Cela
paraît être vrai en général ; car il n'y a rien d'absolu
en histoire naturelle.

Un père et ses deux fils s'étaient mis à la poursuite
d'un lion. L'animal leur tient tête, se précipite sur
l'un d'eux, le renverse sous lui. Les autres, sans perdre un instant, font feu ; le lion est tué, le jeune homme
n'avait aucun mal.

Un fermier du nom de Botta, qui était en même
temps capitaine de milice, s'était vu dans la même
position que ce jeune homme. Longtemps le lion l'a-
vait tenu couché sous lui ; l'homme s'en tira avec
quelques meurtrissures et une morsure au bras, profonde à la vérité, mais qui ne mit pas ses jours en
danger.

Nous avons aussi le témoignage de Livingstone. Il

avait blessé un lion et rechargeait son fusil, quand l'animal s'élança sur lui. « J'étais sur une petite éminence ; il me saisit à l'épaule, et nous roulâmes ensemble au bas du coteau. Rugissant à mon oreille d'une horrible façon, il m'agita vivement comme un basset fait d'un rat ; cette secousse me plongea dans la stupeur que la souris paraît ressentir après avoir été secouée par un chat, sorte d'engourdissement où l'on n'éprouve ni le sentiment de l'effroi ni celui de la douleur, bien qu'on ait parfaitement conscience de tout ce qui vous arrive ; un état pareil à celui des patients qui, sous l'influence du chloroforme, voient tous les détails de l'opération, mais ne sentent pas l'instrument du chirurgien. Ceci n'est le résultat d'aucun effet moral ; la secousse anéantit la crainte et paralyse tout sentiment d'horreur, tandis qu'on regarde l'animal en face. Cette condition particulière est sans doute produite chez tous les animaux qui servent de proie aux carnivores ; et c'est une preuve de la bonté généreuse du Créateur, qui a voulu leur rendre moins affreuses les angoisses de la mort. Le lion avait une de ses pattes sur le derrière de ma tête ; en cherchant à me dégager de cette pression, je me retournai, et je vis le regard de l'animal dirigé vers Mébalué, qui le visait à une distance de quinze pas ; le fusil du maître d'école, un fusil à pierre, rata des deux côtés ; le lion me quitta immédiatement et se jeta sur Mébalué. »

Il paraît que le lion procède tout autrement quand sa victime est une bête. Le plus souvent il la tue sur le coup. Un fermier venait de dételer ses bœufs ; un lion se jeta successivement sur deux de ces animaux dont la mort fut instantanée. Le lion leur avait brisé l'épine dorsale.

D'où vient cette différence? Sans doute de la crainte que lui inspire l'homme et de la prudence naturelle du lion qui lui fait encore appréhender quelque piége de la part de l'homme, du blanc surtout, alors même qu'il le voit entre ses griffes.

Sur la distinction que le lion de l'Afrique australe établit entre le blanc et le nègre, tous les Africains sont d'accord.

« Un matin, raconte M. Moffat, après avoir passé la nuit couché par terre à la porte de la cabane où reposait avec sa femme l'homme le plus marquant du village, je leur dis que j'avais entendu remuer de l'autre côté de la haie d'épines à l'abri de laquelle j'étais couché ; j'en concluais qu'une partie du bétail devait s'être échappée pendant la nuit. « Non, répliqua mon « hôte, j'ai vu la *trace* ce matin : c'était le lion ; » et il ajouta que, quelques nuits auparavant, ce lion avait franchi la haie à l'endroit même où j'étais couché, et qu'il s'était emparé d'une chèvre avec laquelle il s'était sauvé par un autre côté de l'étable. Puis il me montra des restes de nattes qu'il avait arrachés de sa cabane et qu'il avait brûlés pour effrayer l'animal. Je lui demandai comment-il avait pu avoir l'idée de me faire coucher précisément en cet endroit. « Oh! reprit-il, le lion n'aurait pas eu l'audace de sauter sur vous. »

Sans doute, il ne faudrait pas absolument s'y fier, mais puisque le lion peut apprendre à craindre l'homme, on comprend qu'il ait bien plus de respect pour le blanc, si puissamment armé, que pour le noir.

Quant à la prudence du lion, elle est telle, que pour qui ne connaîtrait que ce côté de son caractère, le lion serait le plus pusillanime des animaux.

Un des chevaux de M. Codrington, Anglais qui voyageait en Afrique, s'étant échappé, fut arrêté dans sa fuite par le tronc brisé d'un arbre autour duquel la bride s'enroula. On le retrouva, à cette place, quarante-huit heures après. Autour de lui se voyaient de nombreuses empreintes de lions; l'animal était sain et sauf. Évidemment, ce cheval attaché en rase campagne leur avait paru suspect; ils avaient cru flairer un piége, et s'étaient dispensés d'attaquer.

Livingstone rapporte que, deux lions s'avancèrent une nuit jusqu'à trois pas d'un mouton lié à un arbre et de plusieurs bœufs attachés à un chariot; ils poussèrent des rugissements affreux, mais n'osèrent pas toucher à cette proie, dont ils croyaient avoir à se méfier.

Il raconte encore ceci :

« A Moshué, l'un de nous dormait profondément derrière un buisson, entre deux indigènes; accablés de fatigue, ceux-ci avaient oublié d'entretenir le feu, qui était à leurs pieds; un lion s'approcha du brasier presque éteint et se mit à rugir; mais il ne sauta point sur l'un des hommes qui se trouvait à quelques pas de lui; un bœuf attaché aux broussailles fut la seule chose qui empêcha le lion d'obéir à son instinct et de se jeter sur sa proie. Il se retira sur un monticule, situé environ à 500 mètres, où il continua de rugir et de gronder jusqu'au moment où le lendemain matin, au point du jour, la petite bande s'éloigna. »

V

Cette prudence naturelle et cette crainte acquise nous paraissent expliquer parfaitement la conduite du lion dans les circonstances que nous allons rapporter :

Un homme appartenant à la congrégation de Béthanie revenait de chez un ami ; il fit un détour pour passer près d'une petite source où il espérait abattre une antilope destinée au souper de sa famille. Lorsqu'il y parvint le soleil était déjà levé depuis un certain temps ; n'apercevant pas de gibier, il posa son fusil sur un rocher en pente à quelque distance de la source, se désaltéra, revint au rocher, alluma sa pipe, et s'endormit.

Réveillé bientôt par la chaleur du soleil, il aperçut un lion énorme couché à trois pas de lui, et qui le regardait fixement.

Après être resté quelques minutes immobile de terreur, il recouvra sa présence d'esprit, et regardant de côté son fusil, avança lentement la main pour le saisir. Le lion vit ce mouvement, leva la tête et

Il avance la main pour saisir son fusil.

poussa un rugissement terrible. L'homme fit encore un ou deux essais; mais le fusil se trouvant bien au delà de sa portée, il y renonça, car le lion, qui paraissait comprendre parfaitement son projet, donnait des signes de fureur dès que ce malheureux remuait la main.

La position devint bientôt intolérable : le rocher sur lequel l'homme reposait s'était échauffé à tel point que ses pieds nus n'en pouvaient supporter le contact, et il se vit obligé de les changer constamment de place en les posant alternativement l'un sur l'autre. Le jour entier s'écoula de cette manière, puis la nuit sans que le lion bougeât de sa place ; le soleil se leva de nouveau et bientôt la chaleur intense qui venait sur le rocher rendit les pieds du Hottentot insensibles.

A midi le lion se leva et se dirigea vers la source, en regardant derrière lui pour surveiller les mouvements de son prisonnier ; le voyant avancer sa main vers le fusil, il se retourna en fureur, et parut sur le point de s'élancer sur lui. Après avoir apaisé sa soif, il revint occuper son poste auprès du rocher.

Une autre nuit s'écoula.

L'homme, lorsqu'il raconta cette scène, dit qu'il ignorait s'il avait dormi ou veillé, mais, qu'en tout cas, il avait dû dormir les yeux ouverts, car il n'avait pas cessé un instant de voir le lion à ses pieds. Le lendemain, dans l'après-midi, le lion retourna boire à la source, et là, ayant entendu quelque bruit qui l'effraya, il disparut dans le buisson.

Le Hottentot parvint alors à prendre son fusil : mais quand il voulut se lever, les chevilles de ses pieds se refusèrent à le soutenir et il tomba. Son fusil à la main, il se traîna pourtant jusqu'à la source ; ses orteils étaient grillés et la plante des pieds complétement écorchée. Il attendit quelques moments le retour du lion, résolu de lui décharger son fusil dans la tête ; mais l'animal n'ayant pas reparu, il attacha son fusil sur son dos, et se traîna comme il put sur les mains et les genoux jusqu'au sentier le plus voisin. Là ses forces étant épuisées, il ne put aller plus loin ; heureusement un voyageur vint à passer qui le transporta dans un lieu sûr où on lui prodigua tous les soins que réclamait son état. Mais il perdit les orteils et resta estropié pour le reste de sa vie.

Un vieil Hottentot, s'en retournant chez lui, aperçut un lion qui paraissait le suivre. Au bout d'une heure ou deux, il ne douta plus ; le lion le suivait. Il pensa naturellement que l'animal n'attendait que la nuit pour se jeter sur lui. La situation était critique ; d'une part, le pauvre diable savait qu'il ne pourrait arriver à son village avant la nuit ; d'autre part, il n'avait pour toute arme qu'un bâton.

Toujours cheminant, non sans tourner la tête de temps en temps, notre homme songeait. Que faire? Et la réponse ne venait pas. La campagne était absolument nue ; pas un arbre ; nul refuge. Enfin, il eut une idée.

On trouve en ces endroits des rochers d'une hauteur parfois assez considérable, qui d'un côté se réunissent au sol environnant par une pente presque insensible, tandis que de l'autre ils sont taillés à pic et forment précipice. Ils nomment cela un *klipron*.

Trouver un *klipron* devint l'idée fixe du vieil Hottentot, et s'écartant de sa route, il chercha, trouva.

Le voici qui gravit la pente douce. Il gagne le sommet, arrive au bord coupé verticalement, s'y assied les jambes pendantes et regarde derrière lui. Le lion s'était arrêté, trouvant cette manœuvre louche.

Ils restent ainsi, l'homme assis, la bête debout, jusqu'à ce que la nuit commence à se faire. Alors le Hottentot se laisse glisser sur une saillie de la paroi verticale, s'y tient debout, ôte prestement son chapeau et son manteau, en affuble son bâton, élève ce mannequin au-dessus de sa tête et au-dessus du rocher, et attend.

Il n'attendit pas longtemps. Pendant ces préparatifs le lion était monté en tapinois. Il voit le mannequin, croit voir le Hottentot, s'élance, et tombe la tête la première dans le précipice. Alors l'homme de s'écrier : *t'Katsi! t'Katsi!* interjection qui renferme un million d'injures.

« Nous vîmes deux gros lions, dit Sparrman ; l'un avait une crinière et était par conséquent un mâle. Ils étaient à deux ou trois cents pas de nous dans une petite vallée. A l'instant qu'ils nous aperçurent ils prirent la fuite. Ils avaient, en courant, un pas oblique comme celui de certains chiens, interrompu par quelques bonds légers. Ils portaient constamment leur cou tant soit peu élevé et ils paraissaient nous regarder de côté. J'étais fort curieux de les considérer de plus près ; nous les poursuivîmes à cheval, en criant après eux, et les invitant à s'arrêter. Sur ces cris, ils doublèrent le pas, et lorsqu'ils furent arrivés à la rivière que nous venions de passer, ils s'enfoncèrent dans le bocage. »

Un riche paysan, Jacob Kok de *Zée-Koe-rivier*, se promenant un jour sur ses terres avec un fusil chargé, aperçoit un lion à peu de distance. Il ajuste, fait long feu, et, plein d'effroi, s'enfuit au plus vite, relancé à son tour par le gibier. Bientôt se sentant hors d'haleine, il saute sur un tas de pierres, fait volte-face, et bien résolu à se défendre, présente à l'ennemi la crosse de son arme. Cette attitude en impose au lion. Il s'arrête à quelques pas et s'assied, affectant la contenance la plus tranquille du monde. Cependant le chasseur n'osait bouger. Du reste, il avait en courant perdu sa poire à poudre. Rien à faire que de se tenir aux ordres du lion. Ils restèrent une bonne demi-heure à se regarder. Après quoi le lion se leva, s'en alla lentement et comme à la dérobée (affaire d'amour-propre), mais dès qu'il fut un peu loin il se mit à fuir à toutes jambes.

Un homme rencontrant inopinément un lion tomba évanoui de frayeur. Le lion, surpris, regarda par-dessus le buisson, ne vit personne, soupçonna une embuscade et se sauva en serrant sa queue entre ses jambes.

Il eût couru moins vite s'il eût été parfaitement certain d'être vu, car sa vanité égale sa méfiance. « En plein jour, dit Livingstone, le lion s'arrête une ou deux secondes pour regarder la personne qui le rencontre ; il tourne ensuite lentement autour d'elle, s'éloigne de quelques pas, toujours avec lenteur et en regardant derrière lui par-dessus son épaule ; puis il commence à trotter, et s'enfuit en bondissant comme un lévrier, aussitôt qu'il suppose qu'on ne peut plus l'apercevoir. »

M. Moffat dit avoir vu des Bushmen et même des femmes contraindre un lion à lâcher la proie qu'il venait de saisir et l'y contraindre rien qu'en faisant du bruit et en poussant des cris.

Mais le portrait que nous venons de tracer cesse d'être ressemblant si le lion est affamé, ou s'il a charge de petits. Le cri des entrailles couvre la voix de la prudence ; le lion ne distingue plus le blanc du noir et dans un homme, quelle que soit sa couleur, il ne voit plus qu'une proie possible ou qu'un ennemi certain.

M. Oswell passait à Lopépé. Une lionne s'élance sur son cheval qui, bondissant, se dégage et s'enfuit éperdu ; le cavalier, saisi dans cette course furibonde, par une branche épineuse, est jeté par terre où il reste sans connaissance ; il fut sauvé par ses chiens.

M. Codrington essuya avec plus de bonheur une attaque exactement pareille. Le lion fut tué à bout portant.

Une veuve vivait dans une habitation très-isolée avec

ses deux fils dont l'aîné avait dix-neuf ans. Pendant une nuit obscure ils furent réveillés par les beuglements des bêtes à cornes enfermées dans un parc non loin de là. On courut aux armes. C'était un lion. Il avait franchi la palissade et faisait un horrible carnage parmi les bœufs. Ni les Hottentots ni les jeunes gens eux-mêmes n'osèrent pénétrer dans l'enclos : l'intrépide veuve y entra seule, armée d'un fusil. A peine dans l'obscurité pouvait-elle apercevoir le lion ; elle tire cependant. L'animal blessé s'élance sur elle et la terrasse. Aux cris de la pauvre femme ses deux enfants accourent ; ils trouvent le lion attaché sur la proie. Furieux, désespérés, ils fondent sur lui et l'égorgent sur le corps ensanglanté de leur mère. Outre les blessures profondes que celle-ci avait reçues à la gorge et en différentes parties du corps, le lion lui avait coupé, au-dessus du poignet, une main qu'il avait dévorée ; tous les secours furent inutiles et la nuit même elle expira au milieu des douleurs et des vains regrets de ses enfants et de ses serviteurs assemblés.

Après une expédition heureuse contre les Bushmen, qui lui avaient volé du bétail, Le Vaillant regagnait un endroit où il avait laissé la veille deux Kaminouquois qui lui avaient servi de guides. « Au moment où nous approchions, j'entendis tout à coup pousser à la tête de la troupe des hurlements lamentables qui me glacèrent d'effroi. J'y courus aussitôt et vis un spectacle affreux, dont l'image me fait encore frissonner à cette heure. Ces deux malheureux sauvages, qui si généreusement s'étaient offerts à me conduire, étaient gisants sur la terre, presque morts et nageant dans leur sang.

« Ma première idée fut qu'ils avaient été immolés par quelques-uns de ceux de la horde, mais en approchant de plus près je fus bientôt désabusé. L'un des deux avait la mâchoire inférieure moulue, brisée et emportée presque en entier. Les lambeaux qui restaient encore, et sa langue à découvert, pendaient tout sanglants sur son cou et sur sa poitrine. Il ne donnait plus d'autre signe de vie que le battement de l'artère. Mais l'enflure prodigieuse de sa tête, l'altération horrible de son visage, le déplacement de ses yeux hors de leur orbite, l'avaient tellement défiguré, qu'il ne conservait aucun des traits humains, et qu'il révoltait ma vue en même temps qu'il déchirait mon cœur.

« Son camarade avait plusieurs morsures et déchirures sur le corps, et le bras cassé ou plutôt broyé en plusieurs endroits. Néanmoins son état n'était pas à beaucoup près aussi fâcheux et il pouvait même parler.

« Nous l'interrogeâmes sur la cause de son malheur ; il nous apprit qu'après que nous les eûmes quittés ils avaient éteint leur feu [pour ne pas être découverts par les Bushmen, et que s'étant endormis à quelques pas l'un de l'autre, peu de temps après il avait été réveillé par les cris de son camarade, au secours de qui il vola sur le moment même, et qu'il trouva se débattant contre les griffes d'un lion auquel il porta un coup de sagaie dans le flanc. Mais l'animal, se sentant blessé, se jeta sur lui et le réduisit, avant de fuir, dans l'état où nous le voyions. »

VI

Les indigènes chassent le lion au fusil ou à la lance, selon qu'ils possèdent l'une ou l'autre de ces armes. On les vit l'une et l'autre à l'œuvre lors de cette rencontre qui faillit devenir si fatale à M. Livingstone...

« Des lions, écrit-il, inquiétaient vivement la population de Mabotsa ; ils pénétraient la nuit dans l'endroit où les bestiaux étaient enfermés, et dévoraient les vaches. Ils attaquaient même les troupeaux en plein jour ; ce qui est tellement éloigné de leurs habitudes, que les Bakattas s'imaginèrent qu'on leur avait jeté un sort.

« J'allai avec les hommes de la tribu afin de les encourager à se débarrasser des maraudeurs. Nous trouvâmes les lions sur une colline boisée ; mes compagnons se disposèrent en cercle, et gravirent la colline en se rapprochant les uns des autres. Resté dans la plaine avec un indigène nommé Mébalué, je vis l'un des lions posé sur un quartier de roche qu'entourait le cercle des chasseurs. Mébalué tira son coup de fusil, et la balle atteignit le rocher où l'animal était assis. Le lion mordit l'endroit que le projectile avait frappé, comme un chien mord la pierre ou le bâton qui lui est jeté ; puis, s'enfuyant d'un bond, il franchit le cercle d'hommes qui s'ouvrit à son approche, et il s'échappa sans blessure. Les chasseurs n'avaient osé l'attaquer, peut-être à cause de leur foi dans le sortilége dont ils se croyaient victimes. Le cercle fut bientôt reformé ; deux autres lions y apparurent ; mais cette fois nous n'osâmes pas tirer, dans la crainte de frapper l'un des hommes qui les entouraient, et qui leur permirent encore de s'enfuir sains et saufs. Si les Bakattas avaient agi suivant la coutume de leur pays, les lions auraient été tués à coup de lance au moment où ils essayaient de s'échapper ; mais nos chasseurs ne firent pas même usage de leurs armes. Voyant que nous ne pouvions pas les décider à l'attaque, nous reprenions le chemin du village, lorsqu'en tournant la colline, j'aperçus l'un des lions posé sur un quartier de roche derrière un buisson. J'étais à trente pas de l'animal, je le visai attentivement au corps à travers les broussailles, et je déchargeai mes deux coups. « Il est touché, il est touché ! » s'écrièrent les Bakattas. « Un autre l'a frappé également, allons à lui, » répondirent quelques-uns des chasseurs. Je n'avais vu personne tirer en même temps que moi ; mais derrière le hallier j'apercevais la queue du lion qu'il dressait avec colère ; et, me retournant vers ceux qui accouraient, je leur dis d'attendre au moins que j'eusse rechargé mon fusil. Pendant que j'enfonçais les balles j'entendis pousser un cri de terreur ; je tressaillis, et levant les yeux, je vis le lion qui s'élançait sur moi. »

C'est alors que M. Livingstone fut terrassé. On se rappelle que le lion le quitta pour se jeter sur un autre agresseur ; celui-ci fut mordu à la cuisse. « Un individu, à qui j'avais sauvé la vie dans une rencontre avec un buffle, essaya, continue le narrateur, de donner un coup de lance au lion pendant que celui-ci attaquait Mébalué ; l'animal, abandonnant alors ce dernier, saisit cet homme par l'épaule ; mais, au même instant, les balles qu'il avait reçues produisant leur effet, il tomba frappé de mort. Tout cela n'avait duré qu'un moment, et devait avoir lieu pendant le paroxysme de rage qu'avait causé l'agonie. Le lendemain, les Bakattas, pour faire sortir du corps de l'animal le charme dont ils s'imaginaient qu'il avait été doué, firent un immense feu de joie sur le cadavre du lion, l'un des plus gros, disaient-ils, qu'ils eussent jamais rencontrés. »

Pour voir des Européens à l'œuvre, revenons maintenant à ce buffle qui s'était levé à l'approche de MM. Oswell et Vardon, et que nous avons laissé au moment où trois lions le déchiraient à belles dents.

« Nous approchâmes en rampant, dit M. Vardon, et nous mettant à genoux lorsque nous ne fûmes plus qu'à une trentaine de pas, nous tirâmes sur les lions ; mon rifle était à un seul coup, et je n'avais pas de fusil de réserve ; l'un des lions n'eut que le temps de se retourner et de saisir avec les dents l'une des branches d'un buisson qui se trouvait auprès de lui, et tomba mort aussitôt, ayant la branche dans la gueule. Le second s'enfuit au plus vite ; quant au troisième, il releva la tête, nous regarda froidement, et se mit à déchirer de plus belle le cadavre du buffle. Nous nous éloignâmes pour recharger nos armes, et nous étant approchés, nous tirâmes de nouveau. Le lion partit; mais une balle qui lui traversa l'épaule le força bientôt de s'arrêter; nous le poursuivîmes, c'était un mâle, comme celui qui était mort le premier. Il arrive bien rarement qu'on puisse mettre dans sa carnassière en moins de dix minutes un vieux buffle et deux lions. Je n'oublierai jamais cette aventure, qui nous avait singulièrement exaltés. »

C'est le plus ordinairement à cheval que les colons chassent le lion. Mais ils ne s'y hasardent qu'en plaine. Ils se mettent deux ou trois ensemble, afin de s'entr'aider au besoin : si le gibier se tient dans quelque taillis, on envoie des chiens pour l'inviter à se montrer.

L'attitude du lion est bien différente selon qu'il voit les chasseurs de près ou de loin. Dans le premier cas, il fuit à toutes jambes; dans l'autre, il va et vient d'un air farouche, mais sans laisser voir le moindre trouble. Vivement poursuivi, il ne tarde pas à ralentir le pas; enfin il s'arrête, fait face à l'ennemi, se secoue et pousse un court rugissement. C'est pour les cavaliers le moment de bien faire. Le plus rapproché tire, et s'il a manqué son coup ou seulement blesse le lion, il part à toute bride; c'est alors le tour d'un autre, puis, au besoin, celui du troisième; et si cela ne suffit pas, les deux premiers qui ont rechargé en fuyant, rentrent en lice, et ainsi de suite jusqu'à ce que le lion s'avoue vaincu.

On dit qu'il est sans exemple qu'un colon ait payé

de sa vie les plaisirs de cette chasse. C'est pour eux du reste, non-seulement un plaisir, mais une nécessité, pour ceux du moins qui vivent dans les parties les plus reculées de la colonie: Ils ont à défendre leur bétail contre les attaques de cet insatiable maraudeur. « Ils sont toujours empressés de l'aller chercher, dit Sparr-man. Des paysans avec qui je chassais n'aspiraient qu'à en rencontrer, sans parler jamais du danger de les tirer, ce qui annonce que, quant à cet article, ils étaient bien sûrs de leurs mains. »

· Le Vaillant cite une veuve qui gouvernait elle-même son habitation ; lorsque les bêtes féroces venaient alarmer ses troupeaux, elle montait à cheval, les poursuivait à outrance, et ne quittait jamais prise qu'elle ne les eût ou tuées ou obligées d'abandonner son canton.

On a vu le rôle des chiens dans cette chasse ; ils font quelquefois à eux seuls toute la besogne. Douze à quinze dogues du genre de ceux que les fermiers du Cap élèvent, s'en acquittent à merveille. « Lorsque le lion voit qu'ils commencent à l'approcher, par orgueil il ne va pas plus loin ; il s'assied et les attend. Alors les chiens l'entourent, et fondant sur lui tous à la fois, ils l'ont presque en un moment déchiré. Ils lui laissent rarement le temps de donner, en passant, plus de deux ou trois coups de griffes, dont chacune est une mort certaine et prompte pour deux ou trois des assaillants.

Les indigènes creusent quelquefois, à l'intention des lions, des trappes aussi soigneusement dissimulées que possible, mais il n'est pas commun que le prudent animal s'y laisse prendre.

Un voyageur prétend que le stratagème suivant réussit : « On place, dit-il, une figure d'homme près de quelques fusils disposés de manière qu'ils se déchargent dans le corps de l'animal, à l'instant où il se précipite sur le mannequin. Comme cette méthode est aussi facile que sûre, et qu'ils sont peu jaloux de prendre les lions vivants, les colons se donnent rarement le peine de leur tendre des trébuchets avec des fosses. »

Il n'est cependant pas sans exemple qu'un lion ait éventé cette mine.

« Un lion, continue le même voyageur, avait pénétré à travers les barreaux d'une porte, dans un enclos muré où le bétail était enfermé, et y avait fait de grands ravages. Les gens de la ferme, se doutant bien qu'il reviendrait encore par la même voie, hérissèrent l'entrée de fusils chargés, auxquels répondait un cordon tenu qui traversait la porte, bien persuadés qu'il ne pouvait entrer sans les déranger ; mais le lion vint un peu avant la nuit. Il eut probablement quelques soupçons sur cette corde, la sonda du pied, et sans montrer la moindre frayeur de l'artillerie qui ronflait à ses oreilles, entra avec assurance et dévora la proie qu'il avait laissée la veille. »

Pour terminer sur ce point, nous raconterons le siége d'un épais fourré dans lequel toute une famille de lions avait élu domicile. Une horde entière de Hottentots était sur pied, armée de flèches et de sagaies ;

les femmes et les enfants même avaient voulu être de la partie, non pour combattre mais pour voir. Le Vaillant commandait l'expédition. Je cite en abrégeant :

« Le fourré pouvait avoir environ deux cents pas de longueur sur soixante de large. Il occupait un espace plus enfoncé que le terrain voisin ; de sorte que, pour y pénétrer, il fallait descendre. Du reste, tout y était épines et buissons, à l'exception de quelques mimosas qui s'y élevaient vers le centre.

« Dans l'impossibilité d'attaquer les deux formidables bêtes dans leurs retranchements, il s'agissait d'essayer de les faire sortir du fort. Je me décidai à placer mes tireurs de distance en distance sur les hauteurs tout autour du bois, de manière que les lions ne pussent gagner la plaine sans être aperçus, persuadé qu'aussitôt que nous les aurions en rase campagne, nous nous trouverions les plus forts et ne tarderions pas à être victorieux.

« Quand nous fûmes tous postés, on poussa les bœufs en avant, et à force de coups, ainsi que par des cris, nous les forçâmes d'entrer dans le fourré. En même temps, mes chiens donnèrent ; et pour effrayer les lions, et les obliger à sortir, je fis faire plusieurs décharges de pistolets.

« Bientôt les bœufs, sentant l'ennemi, reculèrent d'effroi, et se rejetèrent vers nous ; mais, repoussés par nos clameurs, par l'aboiement des chiens et le bruit de nos armes, obligés de se porter dans le fort, ils entrèrent en fureur, se heurtèrent les uns aux autres, et se mirent à mugir d'une manière épouvantable.

« De leur côté, les lions s'animèrent. Leur rage s'exhalait en rugissements horribles. On les entendait successivement à tous les endroits du fourré, sans qu'ils osassent se montrer nulle part. Le choc de deux armées n'est pas plus bruyant que ne l'étaient leurs voix menaçantes, confondues avec les cris animés des hommes et des chiens, et le beuglement furieux des bœufs. Cet affreux concert dura une partie de la matinée, et déjà je commençais à désespérer du succès de notre entreprise, quand tout à coup j'entendis, du côté opposé au mien, des cris perçants, aussitôt suivis d'un coup de fusil, auquel succédèrent au même instant des cris de joie. Je courus sur le lieu, et je trouvai la lionne expirante. Elle était enfin sortie du fort, et s'était élancée avec fureur sur ma troupe. Mais Klaas l'avait tirée, et percée de part en part. Ses mamelles, quoique sans lait, étaient gonflées et traînantes ; ce qui annonçait qu'elle avait des petits encore jeunes, et que je ne m'étais pas trompé dans mes conjectures.

« L'idée me vint d'employer son corps à les attirer hors du fourré. Dans ce dessein, je la fis traîner et placer à une certaine distance, ne doutant pas qu'ils ne vinssent à la piste se rapprocher d'elle, ou que le mâle peut-être ne la suivît, pour la venger ou pour les défendre.

« Mais ma ruse fut inutile, et nous passâmes vainement plusieurs heures à attendre.

« A la vérité, les lionceaux, inquiets de ne plus voir leur mère, couraient de tous côtés dans le fort, en grondant. Le mâle lui-même, séparé d'elle, redoublait de rugissements et de rage. Nous le vîmes un instant paraître sur la lisière, l'œil en feu, la crinière hérissée et battant ses flancs avec sa queue. Mais il était hors de la portée de ma carabine; un de mes tireurs, posté plus avantageusement, le manqua. Il disparut. Le soleil baissait, on se décida à remettre l'affaire au lendemain; le lendemain les trois lions avaient déménagé. »

LE MOUFLON

Le mouflon est un des mammifères les plus caractéristiques de la Corse [1].

Il se tient en été sur les plateaux qui confinent aux neiges-éternelles ; pendant l'hiver il gagne les pays d'une moyenne altitude. Dans les froids extrêmes il recherche les cabanes abandonnées où les bergers se sont logés pendant l'été ; et on cite des hivers exceptionnels où on a vu des mouflons se mêler dans les écuries aux chevaux, aux mulets et aux moutons.

Ils marchent habituellement par troupes de cinq ou six individus au moins, de vingt à vingt-cinq au plus, broutant toutes les espèces de graminées et les jeunes pousses de beaucoup d'arbres et d'arbrisseaux, celles du lierre surtout. Pendant qu'ils sont à paître, de vieux mâles se tiennent en faction sur des sommets élevés ;

---

[1] Sans être particulier à cette île. On le trouve en Sardaigne, en Crète, en Espagne.

au moindre danger l'alarme est donnée, en un clin d'œil tous ont disparu dans les ravins : ils bondissent de rocher en rocher, et gagnent des lieux si escarpés, qu'aucun pied humain ne les peut atteindre. Des bergers disent avoir vu des mouflons franchir, d'un saut, des précipices larges de 30 mètres.

D'importantes questions zoologiques ont été soulevées à propos de cet animal. On sait que Buffon en fait la souche des variétés du mouton domestique.

« Je ne sais, personnellement du moins, a écrit M. H. Aucapitaine, ce qui peut justifier cette assertion.

« C'est en Corse, patrie du mouflon, qu'il devrait être surtout facile de saisir des rapprochements entre cet animal et la race des moutons du pays. Or, il n'y a *aucune similitude* entre ces deux espèces, bien que les bergers corses abandonnent leurs troupeaux en toute liberté dans les parties élevées des montagnes où les mouflons pourraient très-facilement se mêler aux brebis. On n'a observé de croisements entre ces animaux, que dans les cas exclusifs où les mouflons étaient en captivité. Malheureusement, nulle part, que je sache, la filiation des produits dus à ces accouplements n'a été suivie. »

Au contraire, le prince P.-N. Bonaparte écrit :

« Le mouflon se reproduit dans une captivité tempérée. Il se reproduit avec la brebis, et aussi avec la chèvre. Dans les deux cas, les métis sont féconds. Ces faits ont été constatés plusieurs fois par nous et par d'autres habitants de la Corse, et ils renversent les

Pendant qu'ils sont à paître, de vieux mâles se tiennent en faction.

théories des savants. Nous pouvons affirmer que le mouflon se reproduit avec la gazelle; et un cerf apprivoisé dans l'enclos de notre maison a tué *par jalousie* un couple de mouflons que nous possédions. »

Passons à la chasse.

« Il y a, dit l'auteur que nous venons de citer, trois manières de chasser le mouflon. A *caccia piutta*, c'est-à-dire par surprise. On part plusieurs heures avant le jour, et l'on gagne les sommets qui dominent les vallons ou les versants où l'on peut rencontrer le gibier. Quelquefois on bivouaque dès la veille à proximité, si l'on est à bon vent; à l'aube, on se place en observation : les mouflons ne bougent que lorsque le soleil éclaire leur pâturage; si le temps est couvert, ils se lèvent plus tard et sont beaucoup plus défiants. Dès qu'on les a vus, on prend des points de repère, et l'on se glisse près d'eux, souvent en rampant, se couvrant de tous les accidents du terrain, des rochers, des arbres; buissons, etc. Il faut être sous le vent; autrement toute précaution est inutile, ils partent comme l'éclair avant qu'on soit à portée et dès qu'on paraît sur la crête. En s'y prenant bien, on arrive quelquefois près d'eux, et on les tire à chevrotine et même avec de gros plomb. Il est bon toutefois de charger un canon à balle pour les coups éloignés, quand le gibier est immobile. Quoi qu'en disent les Gascons, qui ne manquent pas même en Corse, quand le mouflon a aperçu le chasseur, ce n'est que par hasard qu'on l'atteint à balle. Il se précipite comme un trait dans les abîmes, à travers tout; et s'il n'est que blessé, se réfugie dans les anfractuosités inaccessibles, où il meurt et ne tarde pas à être dévoré par les aigles et les vautours. Souvent, après plusieurs heures et parfois plusieurs jours de recherches, on parvient à le ramasser dans des lieux impossibles, au moyen de cordes, d'échelles, d'escalades, etc.

« Le plus souvent, on occupe les cols élevés par où le mouflon se sauve dès qu'il entend le moindre bruit. Quelques traqueurs couronnent les versants en face; ils crient, ils roulent des quartiers de roches avec un bruit de tonnerre, et si l'on est placé à bon vent, on ne tarde pas à voir arriver les mouflons au poste.

« Mais la plus belle chasse qu'on puisse faire, c'est avec un, deux, ou tout au plus trois chiens du pays, habitués à ces montagnes et à ce gibier.

« En hiver, les mouflons descendent où la neige manque et ne franchissent plus cette limite, s'ils ne sont poursuivis. On les trouve ordinairement dans les versants couverts de forêts ou de grands maquis remplissant les intervalles de grandes roches. On se porte sur leur passage vers leur retraite dans les neiges, c'est-à-dire, tout près de la limite de celles-ci. C'est là le plus difficile. La distance, la gelée, les aiguilles de pins, qui rendent les pentes très-glissantes, exigent plusieurs heures pour se rendre au poste. Quand on y est, un homme resté au bas de la montagne, entre sous bois avec les chiens, quête, et bientôt lance, car le gibier n'est pas lent à déguerpir. »

LE BŒUF MUSQUÉ

C'est dans les régions glaciales de l'Amérique septentrionale et particulièrement, d'après Hearne, au delà du cercle polaire, qu'on le trouve. Il n'a pas de mufle, ce qui a autorisé Blanville à le séparer du genre bœuf, et à en faire un genre distinct sous le nom d'*ovibos*. Il est petit de taille, très-bas sur pattes, couvert d'une énorme quantité de laine et de poils d'un brun sombre qui en hiver tombent jusqu'à terre; sur le dos est une place blanchâtre qu'on nomme *selle*. Des cornes larges et aplaties à la base couvrent son front d'une espèce de casque; elles sont énormes; on dit qu'elles pèsent jusqu'à 60 livres. Son nom de bœuf musqué vient de l'odeur que sa chair exhale à certaines époques, et surtout au commencement du printemps; odeur si forte qu'elle se communique même aux couteaux dont on se sert pour le découper. En dehors de cette saison, et lorsque le bœuf musqué est

gras, sa chair est excellente. Il se nourrit d'herbes et
de mousses pendant une partie de l'année, de lichen
pendant l'autre.

Malgré la brièveté de ses membres, il galope avec
beaucoup de vitesse, et la facilité avec laquelle il esca-
lade les montagnes ne peut se comparer qu'à celle des
chèvres.

En septembre les bœufs musqués se rassemblent en
troupes plus ou moins considérables, non pour émi-
grer, car Parry en a tué plusieurs dans l'île Melville,
mais probablement pour être en force contre les loups
qui abondent dans ces parages.

M. E. de Bray, lieutenant de vaisseau, raconte ainsi,
dans une note communiquée à l'Académie des scien-
ces, la chasse au bœuf musqué.

« Lorsque les bœufs musqués sont attaqués par les
chasseurs, ils se rassemblent, forment une phalange
très-compacte, mettant les jeunes animaux dans le
centre, le train de derrière dirigé vers ce centre et
présentant ainsi la tête à l'ennemi dans toutes les di-
rections. Les mâles labourent et frappent la terre avec
leurs cornes et leurs pieds de devant, se préparant ainsi
au combat. L'un d'eux, le plus vieux de la troupe, se
tient en avant, comme un général à la tête de son armée,
et avance avec précaution pour reconnaître l'ennemi,
surveillant attentivement les moindres mouvements
des chasseurs.

« La reconnaissance étant accomplie, il retourne à
son poste et attend l'attaque. C'est alors que l'animal
apparaît dans toute sa majestueuse beauté, et lorsque

Il dut son salut à un fragment de roc.

le chasseur se trouve pour la première fois en sa présence, il doit roidir ses nerfs et rassembler son courage. Mais quoique paraissant si terribles, ces animaux, presque stupides ou très-confiants en leur force,
laissent approcher à une très-petite distance, et au
premier coup de fusil tout le troupeau prend la fuite,
abandonnant·les morts et les blessés. Souvent j'ai vu
cinq ou six chasseurs détruire un troupeau d'une
vingtaine de bêtes. Une seule fois j'ai vu un de ces
animaux charger; il est vrai que la pauvre bête avait
douze balles dans le corps et, ne pouvant fuir, elle
essayait de se défendre jusqu'au dernier moment. »

Le dernier trait s'accorde avec ce·que raconte Ross.
Un bœuf musqué, dans le corps duquel il avait logé
trois balles, se précipita sur lui, et l'illustre marin
ne dut·son salut qu'à un gros fragment de roche derrière lequel il se réfugia et contre lequel l'animal vint
donner de la tête avec une force prodigieuse. ·

Il fut·mangé cru par les Esquimaux, qui en cette circonstance se surpassèrent eux-mêmes en gloutonne-
rie. Remplis mais non repus, ils s'étendirent tout de
leur long sur le sol, attendant, les mains pleines de
viande, qu'un vide aussitôt comblé se fit dans leur
œsophage.

LA GIRAFE

C'est à Le Vaillant que nous devons les premières notions exactes qu'on ait eues sur la girafe.

Aussi quels transports de joie lorsque la première girafe tuée par lui tomba sous ses coups !

« Peines, fatigues, besoins cruels, incertitude de l'avenir, dégoût quelquefois du passé, tout disparut, tout s'envola à l'aspect de cette proie nouvelle : je ne pouvais me rassasier de la contempler, j'en mesurais l'énorme hauteur. Je reportais avec étonnement mes regards de l'animal détruit à l'instrument destructeur. J'appelais, je rappelais tour à tour mes gens ; et quoique chacun d'eux en eût pu faire autant, quoique nous eussions abattu de plus pesants et de plus dangereux animaux encore, je venais, le premier, de tuer celui-ci ; j'en allais enrichir l'histoire naturelle, j'allais détruire des romans, et fonder à mon tour une vérité. »

La girafe.

Cette girafe avait, du sabot à l'extrémité des prolongements osseux, 16 pieds 4 pouces. Les mâles ont en général de 5 mètres à 5^m,33 ; les femelles, 4^m,33 à 4^m,66. Ils se nourrissent de feuilles d'arbres, particulièrement de celles des mimosas, et aussi des herbages des prairies qu'ils peuvent brouter sans s'agenouiller, quoiqu'on ait dit le contraire. Mais ils se couchent souvent, soit pour ruminer, soit pour dormir ; de là, d'énormes callosités au sternum et des genoux toujours couronnés.

Ce sont des animaux paisibles et craintifs. En présence d'un danger leur premier mouvement est de fuir. Ils trottent fort vite ; un bon cheval les joint difficilement à la course. Mais quelle singulière allure ! Perchée à l'extrémité d'un long cou qui joue d'une seule pièce entre les deux épaules, la tête se balance incessamment de l'avant à l'arrière, et l'on dirait que l'animal boite. Lorsque la girafe est arrêtée et qu'on la voit de face, la partie antérieure du corps étant beaucoup plus large que la postérieure, on croit avoir devant soi un tronc d'arbre mort sur pied.

Bien que les girafes fuient le danger, il est inexact de dire qu'elles ne résistent point lorsque la fuite leur est fermée. A la vérité leurs moyens de défense sont peu de chose ; leurs protubérances frontales, qui ne sont ni des cornes, ni des bois, ne paraissent leur être d'aucun secours. Le Vaillant ne les a jamais vues s'en servir contre ses chiens ; mais les pieds leur restent ; elles s'en servent courageusement ; l'arrière-train est si léger et les ruades sont si vives, que l'œil ne peut les suivre, et ce moyen de résistance leur réussit parfaitement contre le lion lui-même.

Un Namaquois vint un jour en toute hâte annoncer à Le Vaillant qu'il avait aperçu dans les environs une girafe auprès d'un mimosa dont elle broutait les feuilles.

« A l'instant, ravi de joie, je sautai sur un de mes chevaux ; j'en fis monter un autre à Bemfry, et suivi de mes chiens, je volai vers le mimosa indiqué. La girafe n'y était plus. Nous la vîmes traverser la plaine du côte de l'ouest, et nous piquâmes pour la rejoindre. Elle prit un trot fort léger, sans néanmoins forcer sa marche. Nous galopâmes après elle, et de temps en temps nous lui tirâmes quelques coups de fusil ; mais insensiblement elle gagna tellement sur nous, qu'après l'avoir poursuivie pendant trois heures, forcés d'arrêter, parce que nos chevaux étaient hors d'haleine, nous la perdîmes de vue. »

Cela peut donner une idée de la vitesse de la girafe.

Une autre occasion se présenta le lendemain sous forme de cinq girafes auxquelles on donna vainement la chasse tout le jour ; elles échappèrent à la faveur de la nuit.

Enfin le jour suivant fut pour Le Vaillant un des plus heureux de sa vie.

« Je m'étais mis en chasse au lever du soleil, dans l'espoir de trouver quelque gibier pour mes provisions. Après quelques heures de marche nous aperçûmes au détour d'une colline sept girafes, qu'à l'instant ma meute attaqua. Six d'entre elles prirent la fuite ensemble ; la septième, coupée par mes chiens, s'écarta d'un autre côté.

« Bemfry, dans ce moment, marchait à pied, et tenait son cheval par la bride. En moins d'un clin d'œil il fut en selle et se mit à poursuivre les six premières. Moi, je suivis l'autre à toute bride : mais malgré les efforts de mon cheval, elle gagna bientôt tellement sur moi, qu'en tournant un monticule, elle disparut à ma vue, et je renonçai à la poursuite.

« Cependant mes chiens ne tardèrent pas à l'atteindre. Bientôt même ils la joignirent de si près, qu'elle fut obligée de s'arrêter pour se défendre. Du lieu où j'étais, je les entendais donner de la voix de toutes leurs forces ; et ces voix me paraissant toujours venir du même endroit, j'en conjecturai que l'animal était quelque part acculé par eux, et aussitôt je piquai vers lui.

« En effet, j'eus à peine tourné la butte, que je l'aperçus entouré des chiens, et tâchant, par de fortes ruades, de les écarter. Il ne m'en coûta que de mettre pied à terre, d'un coup de carabine je la renversai.

« Enchanté de ma victoire, je revins sur mes pas, pour appeler mes gens près de moi, et leur faire dépouiller et dépecer la bête. Tandis que je cherchais des yeux, je vis Klaas Barter, qui d'un air très-empressé me faisait des signes auxquels d'abord je ne compris rien. Mais, ayant porté la vue du côté que me désignait sa main, j'aperçus, avec surprise, une girafe arrêtée sous un grand ébénier et assaillie par mes chiens. Je crus que c'en était une autre, et courus vers elle. C'était la mienne qui s'était relevée, et qui, au moment où j'allais lui tirer mon second coup, tomba morte. »

Ce gros gibier arrivait à point ; les gens de notre voyageur mouraient de faim. Ils se partagèrent l'animal, non sans avoir prélevé à l'intention du maître quelques morceaux que celui-ci mangea grillés et qu'il trouva excellents. Les tibias mis sur le brasier fournirent une moelle blanche et ferme comme la graisse de mouton, et qui était très-appétissante. « Jamais je n'en avais vu d'aussi belle, et je regrettais beaucoup de n'avoir pas de pain pour en faire des rôties. J'en fis fondre au moins une certaine quantité, dont je remplis la vessie de la girafe, et cette provision me servit pendant assez longtemps à cuire des tranches de l'animal même. »

Mais les besoins matériels ne pouvaient faire oublier à Le Vaillant les intérêts de la science. On sera bien aise de savoir comment il s'y prit pour préparer dans un désert de l'Afrique centrale la peau du gigantesque animal.

« Klaas, écrit-il, — c'était son factotum, — avait nettoyé et aplani un espace de terrain d'environ vingt pieds carrés. J'y fis étendre la peau, le poil en dessous, et, dans cet état, on l'assujettit sur les bords avec de grosses pierres.

« Il me restait à dessécher la peau de ma girafe, à consumer sa graisse et à détruire enfin toutes les causes de fermentation qui eussent pu la pourrir ou l'endommager. Dans ce dessein j'avais ordonné de grands feux afin d'avoir beaucoup de cendres. J'épandis ces cendres sur la peau, ayant soin qu'elle en fût couverte entièrement et d'une manière égale. Elle resta dans cet état pendant toute la nuit ; et de peur que quelque hyène ne vînt, à la faveur des ténèbres, en dévorer des lambeaux, je dressai ma tente tout auprès de mon trésor.

« La dissection de la tête et des sabots me prit toute la journée du lendemain, parce que je ne pus et ne voulus me faire aider que par Klaas. Les sabots me coûtèrent peu de peine, mais il n'en fut pas ainsi de la tête. Pour ce qui regarde celle-ci, d'abord nous commençâmes par soulever la peau des mâchoires et des joues, et par enlever les chairs qui étaient en dessous, en y substituant des étoupes pour restituer et conserver les formes. Les yeux furent traités à peu près de même. Après avoir arraché le globe de l'œil et desséché son orbite avec des cendres chaudes, je remplis également d'étoupes cette cavité, afin de soutenir les paupières.

« L'opération la plus difficile fut l'extraction de la cervelle (la girafe en a beaucoup), et je fus même d'autant plus embarrassé, que je n'y voulus ni incision ni fracture. Enfin, j'imaginai de l'imbiber et de l'éponger pour ainsi dire peu à peu. C'est ce que nous exécutâmes à l'aide d'un fil de fer, que je garnis à son extrémité de poils tirés du kros de mes Hottentots, et qui, changé ainsi en pinceau, fut introduit dans la boîte osseuse du crâne. Le crâne vidé, je le remplis de cendres chaudes. Quant à la partie antérieure de la tête, depuis les narines jusqu'aux appendices osseux qui forment à l'animal des espèces de cornes, je n'eus rien à y faire, parce que n'étant pas charnue, je n'avais qu'à la dessécher.

« De temps en temps je renouvelai les cendres sur la peau. J'entretins même, pendant plusieurs jours de suite de très-grands feux, uniquement pour avoir des cendres. Elles opéraient à la fois par l'action combinée de leur vertu dessiccative et alcaline, et ce moyen m'a réussi parfaitement. »

Cette peau fut rapportée en Europe, et Le Vaillant exprime quelque part le regret de n'avoir pas un appartement assez haut de plafond pour pouvoir dresser l'animal et « offrir aux amateurs un modèle vrai de ce qu'il est dans la nature. »

Transportons-nous maintenant à l'autre extrémité de l'Afrique, en Nubie.

Cinq ou six hommes, montés sur de bons chevaux, s'enfoncent dans le désert accompagnés de chameaux portant de l'eau et différentes provisions. Dès qu'ils ont aperçu leur proie, ils se divisent, et jetant de grands cris pour l'effrayer, ils manœuvrent de manière à la pousser vers un endroit boisé. L'animal, espérant se dérober à leur vue, ne tarde pas à tomber dans le piége. Il s'enfonce entre les arbres, cherche le plus épais du bois, mais les broussailles et les branches ralentissant sa marche, les chasseurs gagnent sur lui. Comme si ce n'était pas assez de ces obstacles naturels, ils tendent des cordes sur la route de la girafe. Elle tombe. On lui passe un licol. Si elle refuse de marcher, on la tue, afin d'en emporter au moins la peau. C'est une extrémité à laquelle on n'est jamais réduit avec les jeunes ; plus dociles que les adultes, elles suivent les chasseurs, qui vont les vendre dans les villes voisines.

Mais la girafe a d'autres ennemis que l'homme. Outre l'homme il y a le lion. Si la girafe est vigoureuse, elle réussit quelquefois à lui échapper. Un voyageur raconte en avoir vu deux dont les épaules, labourés de cicatrices, offraient la preuve irrécusable qu'elles avaient porté sur leur dos le monarque des forêts et qu'elles étaient sorties victorieuses de la lutte.

C'est en effet sur le dos de la girafe que le lion cherche à se placer ; enfonçant dans les deux épaules ses ongles acérés, il ronge devant lui jusqu'à ce qu'il attaque les vertèbres du cou. Alors les deux animaux tombent ensemble, et souvent le lion est estropié dans la chute.

Il peut même lui arriver pis.

Un jeune sauvage (ceci se passait dans l'Afrique australe), regagnant sa horde, s'arrêta près d'une source pour s'y désaltérer ; puis, s'étant couché sur la rive, il s'endormit. Réveillé par les rayons ardents du soleil, il aperçut à travers un buisson une girafe broutant les feuilles d'un mimosa, et, à quelques mètres plus loin, un lion, immobile, qui couvait la girafe des yeux, et se préparait à fondre sur elle. Le lion en effet prit son élan et d'un bond gigantesque se précipita vers la tête de l'animal, qui fit un brusque mouvement de côté, si bien que l'agresseur tomba sur le dos au beau milieu du buisson épineux. Aussitôt la girafe dé-

tale et le négrillon s'empresse de l'imiter, ne doutant
pas que le lion ne fût bientôt sur pieds. Quelque temps
après on vit des aigles qui tournoyaient au-dessus du
mimosa. On fit des recherches : le cadavre d'un lion
était étendu sur une couche d'épines.

LES TAPIRS

Les tapirs ont la forme générale du cochon, mais ils s'en distinguent à première vue par une petite trompe charnue susceptible de s'allonger et de se raccourcir; cette trompe n'est pas comme celle de l'éléphant un organe de préhension.

Il y en a plusieurs espèces ; l'une dite *tapir d'Amérique*, est assez commune dans les contrées chaudes de l'Amérique méridionale, l'autre se rencontre dans les parties les plus élevées de la Cordillère des Andes. Une troisième habite les forêts de l'île de Sumatra et de la presqu'île de Malacca.

Le tapir d'Amérique vit sur le bord des rivières, se tient caché pendant le jour dans les fourrés les plus épais, et pendant la nuit cherche sa nourriture qui est entièrement végétale. Les melons d'eau et les citrouilles ont sa préférence. Il s'éloigne peu des lieux où il a établi sa demeure. C'est un animal timide que le

moindre bruit effraye; aussi recherche-t-il la plus profonde solitude.

Malgré cette humeur sauvage, il s'apprivoise avec la
plus grande facilité, au moins quand il a été pris
jeune. Bientôt sa timidité fait place à la plus grande
familiarité. « Il s'apprivoise dès le premier jour, dit
d'Azara, et va par toute la maison sans en sortir. Tout
le monde peut le toucher et le gratter, sans que pour
cela il préfère qui que ce soit, ou obéisse à personne;
et si l'on veut le faire sortir d'un lieu, il faut presque l'en
arracher. Il ne mord point, et si on l'incommode, il
fait un sifflement grêle et très-disproportionné à sa
stature. Il boit comme le pourceau, mange de la chair
crue ou cuite, des aliments de toute espèce, et tout ce
qu'il rencontre, sans en excepter les chiffons de laine,
de toile ou de soie. Je l'ai vu plusieurs fois ronger mon
bâton, et dans une occasion il fit la même chose d'une
boîte d'argent remplie de tabac; de manière qu'il
paraît plus glouton que le porc, et que son goût n'est
pas propre à lui faire distinguer les choses les unes
des autres. »

Un observateur contemporain, M. Chabrillac, ne
s'accorde pas avec d'Azara sur l'indifférence que,
d'après ce dernier, le tapir éprouve pour les personnes
auprès desquelles il vit. « Il aime la société de l'homme,
dit M. Chabrillac, s'attache à tous ceux qui lui donnent des soins, et montre une prédilection toute particulière pour les enfants, dont il partage les jeux sans
jamais leur faire le moindre mal. »

Et il donne de l'attachement du tapir une preuve

Le Tapir

bien convaincante. « J'ai conservé, dit-il, pendant deux ans un tapir pris encore jeune, sur les bords du Rio San-Francisco, province das Alagoas ; il passa tout le temps de sa captivité dans la cour d'un collége fréquenté par deux cents élèves, avec lesquels il jouait comme le chien le plus intelligent, sans jamais offenser même ceux qui quelquefois se plaisaient à le contrarier. Lorsque l'heure de la récréation arrivait, il se montrait tout joyeux, témoignant son contentement par les sauts et les courses auxquels il se livrait. Lorsque les élèves paraissaient ne point faire attention à lui, il allait les exciter, les provoquer à venir partager ses ébats ; mais quand il était trop tourmenté par ses compagnons de jeux, loin de chercher à se défendre en leur faisant du mal, il courait se réfugier dans une auge pleine d'eau à son usage, et là, faisant entendre un grognement de satisfaction, il semblait narguer ses persécuteurs, qui dè guerre lasse le laissaient en repos ; il revenait bientôt se livrer à de nouveaux exercices. Cet intéressant animal, qui dans le principe ne mangeait que de l'herbe verte, s'était accoutumé à toute espèce de nourriture ; on lui donnait tous les débris de la cuisine, dont il s'accommoda très-bien, sans que sa santé parût en souffrir le moins du monde. Il mourut d'une blessure qu'il se fit à la jambe en tombant sur des débris de bouteilles. »

Voici un autre trait :

Un habitant de Santa-Maria-de-Belene (Para) possédait un tapir très-familier. L'ayant donné au capitaine d'un des navires qui font le service de la côte du Brésil, il le conduisit lui-même à bord ; mais quand le tapir vit son maître s'éloigner, il commença à donner des marques d'inquiétude. Enfin, le vapeur s'étant mis en mouvement, l'animal, devenu furieux, se mit à courir de côté et d'autre, et, ayant trouvé un sabord ouvert, il se jeta à la mer, nagea vers la côte, y arriva sain et sauf, et alla retrouver son maître qui jura de ne plus s'en séparer.

On chasse le tapir la nuit, tantôt avec des chiens, tantôt à l'affût dans les champs de melons d'eau ; mais comme il a la vue excellente, l'ouïe très-fine, il n'est pas aisé de le surprendre. S'il peut gagner des eaux profondes, il s'y jette, reste longtemps submergé et ne reparaît qu'à une assez grande distance de l'endroit où il a plongé. Lorsque des bois sont à proximité, il se précipite au plus épais des fourrés, écartant et brisant tout ce que rencontre sa tête, qu'il porte toujours très-basse. Ceux qui le chassent au fusil ne l'arrêtent jamais sur le coup, et d'Azara raconte en avoir vu un dont le cœur était percé de deux balles, et qui avant de tomber courut encore l'espace de deux cents pas. Réduit à l'extrémité il donne des coups de pieds, et saisissant les chiens par l'échine, les secoue si fort qu'il leur déchire la peau.

Il arrive quelquefois qu'à l'aube des chasseurs à cheval rencontrent un tapir attardé dans la campagne. Bientôt le lazzo l'arrête dans sa course, et c'est un tapir mort, car bien qu'il soit beaucoup plus léger qu'on ne le croirait à première vue, il ne saurait lutter longtemps de vitesse avec un cheval.

D'Azara dit que les Indiens du Paraguay mangent la chair du tapir ; mais ajoute-t-il, cela ne prouve pas qu'elle soit délicate, et Barren, dans son *Histoire naturelle de la France équinoxiale*, écrit : « Sa viande est grossière et d'un goût désagréable. »

Nous avons changé tout cela.

« Sa chair, dit M. Chabrillac, est très-estimée dans le pays, où j'ai eu l'occasion d'en manger très-souvent, et je puis assurer qu'elle ne le cède en rien, pour la saveur et les qualités nutritives, aux meilleures viandes que nous avons en Europe ; boucanée, elle se conserve longtemps et acquiert un goût qui serait apprécié par nos gourmets les plus délicats. »

Et M. Victor Bataille écrit de la Guyane : « J'ai souvent mangé de la chair de cet animal. Sans être délicate et de première finesse, elle est bonne et n'a rien de désagréable au goût. Aussi a-t-elle pris, depuis 1848, une place assez importante dans l'alimentation de la colonie, particulièrement de la classe ouvrière. Avant 1848, on le chassait peu ; les Indiens seuls se livraient à cette chasse, parce que les Européens et les esclaves étaient occupés à d'autres travaux. Depuis l'émancipation, la chasse se fait au contraire très-activement, avec succès, et non pas seulement chez les Indiens, mais à proximité de la ville, dans les environs de laquelle l'animal n'est nullement rare. J'en ai vu tuer, et même très-fréquemment, à une et deux lieues de la ville. Il n'y a pas de semaine où l'on n'en apporte deux ou trois qui sont dépecés et vendus au détail, comme la viande de boucherie. Le prix est de 1 fr. 40 le kilog.

Cette consommation offre un véritable avantage pour la colonie. »

Les *tapirs pinchaques* sont ceux de la Cordillère. Ils habitent de préférence les régions froides, tandis que la région basse est fréquentée par le tapir commun. Leurs habitudes se rapprochent d'ailleurs de celles de ces derniers. Dans leurs expéditions nocturnes ils marchent d'ordinaire à la file et tracent à la longue dans les bois des trouées que les voyageurs mettent souvent à profit et auxquelles les Indiens donnent pompeusement le nom de routes royales. On trouve de ces battues depuis 1,400 mètres jusqu'à 4,400 mètres au-dessus du niveau de la mer. Les *pinchaques* se rendent ainsi en des endroits écartés dont le sol est composé d'un schiste argileux (salitre). Ce schiste porte l'empreinte de leurs dents. D'Azara note que le tapir commun mangé aussi du barrero ou terre nitreuse, et il dit en avoir trouvé une grande quantité dans l'estomac d'un de ces animaux.

Les chasseurs sont sûrs de rencontrer des pinchaques dans ces salitres un peu avant le lever du soleil, pourvu toutefois que les animaux n'aient pas encore été inquiétés, car ils sont très-méfiants. Ils abandonnèrent complétement un emplacement près duquel les gens du pays avaient placé, avec toutes les précautions dont ils sont capables, des lacets dans lesquels ils espéraient prendre ces animaux.

La rencontre de ceux-ci n'est guère dangereuse, et on ne cite que trois cas dans lesquels ils aient donné quelques signes de courage. Un pinchaque, poursuivi par de mauvais chiens, leur fit face en arrivant près de l'eau, et comme cette attitude menaçante intimida le premier chasseur qui se présenta, le tapir courut sur lui et le culbuta. Les deux autres traits se rapportent à des femelles qui, accompagnées de leurs petits qu'elles crurent menacés, renversèrent chacune son homme : l'un de ces hommes s'était permis de toucher un jeune tapir du bout de son parapluie.

Une fois à l'eau, le pinchaque y reste tout le temps qu'il se croit poursuivi. On en cite un qui, plutôt que de quitter le torrent, se laissa assommer à coups de grosses pierres qu'un chasseur lui faisait tomber sur la tête. Un matin, à huit heures, au pied du pic de Thoma et sur les bords du Combayma, en un lieu situé à 1,918 mètres de hauteur et appelé *las Juntas*, M. Goudot débusqua un jeune pinchaque femelle, qui se jeta tout de suite à l'eau. Entouré de chiens, qui pour la plupart se tenaient sur la rive, l'animal resta longtemps immobile au milieu du torrent, se bornant à hausser sa trompe de temps en temps et poussant des cris que le fracas du courant et les aboiements couvraient presque en entier. Les chiens qui, pour arriver jusqu'à lui, se jetaient à l'eau en amont de la place qu'il occupait, étaient pour la plupart submergés ; aucun d'eux cependant ne se noya ; le pinchaque remontait l'eau avec une grande facilité. Une balle lui traversa l'aorte à la sortie du cœur. Après ce coup mortel, il eut encore la force de passer la rivière.

La chair de cet animal est rouge comme celle de l'ours et excellente à manger.

L'HIPPOPOTAME

I

Sparrman, en compagnie de fermiers et de Hottentots, était allé pour la seconde fois à la chasse à l'hippopotame. Le premier essai n'avait pas réussi. Cette
nouvelle entreprise avait lieu la nuit, et c'était une
chasse à l'affût.

Nos aventuriers s'étaient divisés afin de multiplier les
chances de rencontre. Sparrman, accompagné de deux
colons, le père et le fils, s'était posté sur une portion
desséchée du lit de la rivière habitée par les hippopotames. Un Européen et le gendre de l'un des colons oc-
cupaient un second poste et les indigènes un troisième.

Sparrman et ses deux compagnons avaient derrière
eux les rives du cours d'eau très-élevées en cet endroit.
Le terrain était plat, la nuit assez claire ; ils s'étaient
d'ailleurs installés sur le sentier tracé par les hippopo-

tames.. Toutes les chances étaient donc pour nos chasseurs.

Ils attendaient, assis, Sparrman; tourmenté par les
moustiques, s'était couvert le visage de son mouchoir,
et à moitié endormi, philosophait à part lui sur la
hardiesse de trois frêles individus, attendant de pied
ferme « le béhémoth du grand prophète Job, » et
sur l'impudence des insectes qui s'attaquaient à ces
héros.

Tout à coup, un hippopotame, sort de la rivière avec
« la rapidité d'une flèche. » et s'élance dans le sentier
en poussant un cri horrible.

« *Heer Jesus !* » s'écrie le fermier, qui lâche son coup.
Au mugissement de la bête l'Européen et le gendre
du colon, quoique placés loin de là, se sont enfuis.
Sparrman, lui, n'a point entendu le coup, il n'a pas
vu la bête, ou plutôt il l'a prise pour une colonne
d'eau, il croit à un débordement subit de la rivière.
Il jette son fusil, abandonne ses deux confrères, cherche, éperdu, un point assez élevé pour que l'eau ne
puisse l'y atteindre, se heurte inutilement contre le
bord escarpé de la rivière, s'étonne de ne point être
submergé, se demande un instant s'il ne rêve pas,
court au fils du fermier qui dort à poings fermés et
ronfle bruyamment, et de là au père, qui, empêtré dans
une couverture dont il s'était enveloppé les membres,
cherche tout tremblant à sa dégager. — Quelle direction a donc prise le débordement? lui demande
Sparrman.

Le fermier est quelque temps sans répondre. —

Êtes-vous devenu fou? dit-il enfin. Sparrman allait lui rétorquer la question. Il ne fut convaincu de son erreur qu'en voyant qu'en effet le fusil du fermier était déchargé. Heureusement le coup de feu, la flamme plutôt que la balle, avait fait reculer l'animal rentré dans l'eau aussi précipitamment qu'il en était sorti. Cette chasse finit là. Nos Nemrods passèrent le reste de la nuit à rire les uns des autres; et ils fumèrent une couple de pipes tout en écoutant le rugissement du lion.

Tout cela est assez ridicule, mais enfin on y voit peintes avec naïveté les impressions d'un chasseur novice qui, pour la première fois, se trouve en présence d'un hippopotame.

II

Sa rencontre à terre n'est pas sans péril. On cite le cas d'un hippopotame qui poursuivit pendant longtemps un indigène, lequel ne lui échappa qu'avec beaucoup de peine. Mais pour que cet animal, n'ayant pas été provoqué, montrât cette humeur agressive, il fallait qu'il fût dans un de ces moments critiques où les bêtes d'ordinaire timides deviennent elles-mêmes dangereuses.

Il en est autrement lorsqu'on l'a provoqué et blessé; une charge à fond de train sur le chasseur est de règle, à moins qu'une trop longue et trop active persécution exercée sur l'espèce, ait fait perdre à chacun de ses représentants toute confiance en eux-mêmes, ce qui finit toujours par avoir lieu partout où l'emploi des armes à feu se généralise.

En une localité où l'introduction de ces dernières était encore récente, un indigène ayant tiré sur un hippopotame qu'il manqua, celui-ci le saisit dans sa large gueule et le coupa littéralement en deux. On est moins exposé aux désagréments de ce genre quand on attaque l'animal par derrière, vu qu'il est assez lent à se retourner; et cette observation est ordinairement mise à profit par les nègres.

III

La vie des hippopotames se partage entre les eaux et la terre ferme; on ne les trouve qu'en Afrique, dans le Nil et dans la plupart des fleuves qui aboutissent à l'Atlantique et à l'océan Indien. Ils abondent surtout au sud de l'équateur et dans l'intérieur de l'Afrique, vivent par troupes, le jour dans l'eau où ils dorment et bâillent, élevant de temps en temps leur museau au-dessus de l'eau; la nuit, à terre où ils viennent pâturer, suivant toujours le même sentier à l'aller et au retour.

En marchant, ils balayent presque l'herbe ed leur ventre, tant leur panse est volumineuse, tant leurs jambes sont courtes. C'est l'eau qui est leur vrai milieu; on les voit descendre au fond, marcher sur la vase, courir même, déraciner les longues herbes à l'aide de leurs dents crochues. Salt, en Abyssinie, les voyait mar-

cher au fond du Tacagé à vingt pieds de profondeur. Bientôt ils remontent à la surface, mettent la tête hors de l'eau et respirent bruyamment, lançant en dehors de leurs narines une colonne d'eau qui peut avoir 1 mètre de haut. Ainsi font-ils du moins dans les localités où ils ne sont pas inquiétés, sur le Zambèze par exemple ; ailleurs, et particulièrement dans les rivières de Londa, où une guerre active leur a enseigné la prudence, ils ne mettent à l'air que leurs naseaux et respirent si doucement qu'on ne se douterait pas de leur présence s'ils n'étaient trahis par les empreintes marquées sur la rive. Les femelles, quand elles ont des petits très-jeunes, viennent plus fréquemment à la surface que les autres ; c'est que leur nourrisson ne saurait rester sous l'eau aussi longtemps que les adultes. Ces petits se tiennent d'abord sur le cou de leur mère, plus tard sur son dos, bientôt ils la suivent au pâturage.

IV

Un matin Sparrman vit s'avancer sur la terre ferme un hippopotame femelle avec son veau. Celui-ci, qui était boiteux, marchait lentement ; la mère reçut un coup de feu dans le côté et se jeta à l'eau. Le petit fut pris, attaché ; ils poussait de grands cris, « à peu près semblables à ceux d'un cochon qu'on va tuer. » Les chasseurs craignaient fort qu'à ces cris la mère ne sortît de la rivière, comme cela était arrivé à Le Vaillant. Celui-ci venait de tirer un petit hippopotame et lui avait cassé la cuisse. « Mais à peine l'avions-nous joint, écrit-il, qu'à quelques pas de là, sur les bords de la rivière, se montra leur mère, qui, avec des rugissements affreux, accourut vers nous en ouvrant une gueule effroyable. Cette apparition subite, à laquelle nous ne nous attendions point, fit sur nous une telle impression de terreur, que nous ne songeâmes tous qu'à fuir au plus vite, et que chacun même, pour courir plus lestement, jeta son fusil. Je ne balançai point à en faire autant du mien, qui, étant déchargé, m'était inutile. La mère, ayant recouvré son petit, ne chercha point à nous poursuivre, et rentra paisiblement avec lui dans l'eau. Sa retraite nous permit d'aller reprendre nos fusils. »

Revenons à Sparrman et à sa capture. Ce petit avait trois pieds et demi de long et deux de hauteur. D'après les conjectures des Hottentots, il ne devait avoir guère plus de deux à trois semaines ; il montra bientôt des dispositions à la familiarité, mais les Hottentots, qui en estiment fort la chair, laquelle en effet est agréable et saine, et très-semblable, dit-on, à celle du bœuf, ne lui laissèrent pas le temps de s'apprivoiser tout à fait.

<h2 style="text-align:center">V.</h2>

La claudication de ce jeune Hippopotame nous mène à dire qu'il est commun de trouver parmi les animaux de cette espèce des individus portant la trace de blessures considérables. Il arrive souvent, en effet, qu'ils se livrent des combats furieux. Un voyageur, témoin d'un duel entre deux mâles, le raconte en ces termes :

Sur le bord de la rivière se montra la mère.

« C'était en plein jour ; caché sur le bord du fleuve, j'observais depuis quelque temps les jeux d'une troupe de ces animaux, quand tout à coup deux des plus énormes montèrent à la surface et s'élancèrent l'un contre l'autre ; leurs grandes et hideuses gueules étaient ouvertes dans toute leur largeur, leurs yeux flamboyaient de rage, et chacun s'acharnait de tous ses efforts à la destruction de son ennemi ; ils s'étaient saisis l'un l'autre avec leur mâchoire, ils s'entre-perçaient et se déchiraient à coups de défenses ; tour à tour avançant et reculant, tantôt à fleur d'eau, tantôt au fond du fleuve ; leur sang rougissait l'onde, et leurs mugissements de fureur étaient affreux à entendre. Ils montraient peu d'adresse dans leurs mouvements, mais en revanche une ténacité inouïe à maintenir leur position, et un emportement d'une férocité terrible. Le combat dura une heure. Évidemment, leurs défenses s'escrimaient mutuellement sur de trop dures cuirasses, pour qu'ils se fissent des blessures bien dangereuses. A la fin, un des deux tourna le dos et s'éloigna, laissant l'autre victorieux et maître du champ de bataille. »

VI

Malgré l'abondance des hippopotames dans certains cours d'eau, les cas d'agressions sont très-rares de leur part.

M. Moffat, traversant une rivière, fut poursuivi par un hippopotame furieux, qui poussait des ronflements terribles. C'était, sans doute, un mâle qui avait des chagrins d'amour. Pour le dire en passant, les ronflements des mâles s'entendent à un mille de distance. Notre voyageur n'échappa qu'à grand'peine, et s'il eût mis un instant de plus à atteindre la rive, c'était un homme perdu.

Ordinairement les canots circulent au milieu d'eux sans être inquiétés. Un Européen naviguait sur une rivière peuplée d'hippopotames. Le canot passa sur l'un d'eux ; l'animal se borna à pousser un grognement très-marqué.

« Depuis quelques temps, lisons-nous dans la correspondance récente d'un voyageur en Égypte, nous remarquions sur le sol de nombreuses traces de pas d'hippopotames ; il était évident que nous nous trouvions dans des passages très-fréquentés par eux ; bientôt nous remarquâmes sur le fleuve une espèce d'île flottante noirâtre ; c'était le dos d'un énorme hippopotame. Nous vîmes ensuite un second dos moins volumineux. Pendant ce temps, nos barques approchaient ; lorsqu'elles passèrent près du deuxième dos, les marins se mirent à crier d'une manière particulière, et alors nous vîmes l'hippopotame plonger, et se redresser ensuite en prenant un élan en l'air et laissant voir tout le haut de son corps jusqu'aux jambes de derrière. On nous a expliqué que c'était une famille d'hippopotames qui se promenait dans le fleuve, et que la mère, croyant les siens attaqués par les barques, s'était ainsi élevée au-dessus de l'eau pour voir ses ennemis, et au besoin, se défendre. »

Autre tableau : il est pris sur les bords du Kafoué, fertile en hippopotames.

« Dans l'ignorance où ils vivent des armes à feu, ces hippopotames sont tellement peu farouches qu'ils ne font pas la moindre attention à nous ; les jeunes, un peu plus gros que des bassets, et montés sur le cou de leurs mères, nous regardent entre les oreilles de celles-ci, et ne paraissent nullement s'inquiéter de notre présence. »

C'est ainsi le plus souvent que les choses se passent. Voici une légère variante :

« Vers le milieu du jour, un hippopotame vient heurter du front notre canot, et le fait presque chavirer ; la force du coup précipite Mashaouana dans le fleuve ; les autres, dont je fais partie, s'élancent sur la rive, qui est tout au plus à dix mètres ; l'hippopotame reste à la surface de l'eau et regarde attentivement la pirogue ; on dirait qu'il veut estimer les avaries qu'il y a faites : c'est une femelle dont, la veille, on a tué le petit à coups de javeline. Nous étions huit dans le canot, et la violence du choc que nous avons éprouvé témoigne de la force énorme de l'animal qui l'a produit ; toutefois, le plongeon de Mashaouana, et le bain qu'il nous a fallu prendre, sont les seuls dommages que cet incident ait causés. Il est tellement rare que l'on soit attaqué par l'un de ces animaux, lorsqu'on a la précaution de naviguer près de la rive, que mes compagnons se sont écriés spontanément : « Est-ce « que cette bête est folle ! »

Et voici une variante mieux accentuée : M. Knoblecher, chef de la mission catholique autrichienne sur le fleuve Blanc, rapporte que, dans un de ses voyages, la barque qu'il montait ayant séparé une dame hippopotame de ses petits, la mère, en furie, s'éleva au-dessus de l'eau, et comme elle exécutait ce mouvement près de la barque, dans le moment même où le cuisinier de M. Knoblecher avait le haut du corps penché au dehors, le malheureux fut empoigné et disparut sous les flots, entraîné par l'énorme bête.

Il n'en est pas moins vrai que le principal danger couru par les voyageurs n'est pas imputable à la volonté de l'hippopotame. Le risque le plus fréquent est de chavirer sous la poussée d'un animal qui, sans crier gare, remonte du fond à la surface des cours d'eau. Encore le plus souvent les navigateurs en sont-ils quittes pour un bain. Quelquefois cependant, on a vu en pareil cas le pachyderme entrer en furie et détruire la pirogue renversée.

VII

Nous avons dit que dans ses courses nocturnes l'hippopotame suit constamment le même sentier. Cette habitude est mise à profit par les chasseurs, et voici comment s'y prennent ceux du Soudan.

Deux d'entre eux se portent près de ce passage, dans les endroits les plus propices ; ils sont armés de lances à fer crochu, en forme d'hameçon, auquel est attachée une corde de 5 à 6 mètres de long, munie, à l'autre extrémité, d'un flotteur en bois ; d'autres vont au-devant de l'animal, dans l'endroit où il pait. On l'effraye en criant, en battant du tambour, en brandissant des torches enflammées. L'hippopotame, épouvanté, retourne au fleuve, et celui des chasseurs à portée duquel il passe, lui lance son javelot crochu dans les flancs. L'animal blessé emporte le trait dans l'eau, et la rapidité même avec laquelle il fuit contribue à agrandir sa blessure par la résistance du flotteur. Ce morceau de bois, qui surnage, permet d'ailleurs de surveiller les évolutions que l'amphibie opère sous l'eau. Pourtant, il arrive quelquefois qu'on éprouve de la difficulté à le suivre pendant la nuit. Pour remédier, autant que possible, à cet inconvénient, les chasseurs se divisent en plusieurs groupes, et, s'ils perdent l'animal pendant la nuit, ils le retrouvent facilement pendant le jour. L'hippopotame, épuisé par ses efforts, par la perte de son sang, par le manque de nourriture, vient en effet mourir près de la rive, à moins que les chasseurs montés dans des barques ne l'aient déjà tué à coups de lance ; mais il arrive quelquefois qu'il traîne un flotteur pendant plusieurs jours, surtout quand l'hameçon a été mal planté.

M. Trémaux fit un jour la rencontre d'un hippopotame ainsi arrangé.

« Pendant que nous étions encore remorqués par les gens de Lony, j'entendis crier : L'hippopotame ! l'hippopotame ! Je cherchais du regard sur la surface liquide, m'attendant à voir paraître la monstrueuse tête et l'échine de l'animal ; je fus étonné de ne rien voir. Seulement je remarquai sur l'eau une sorte de croix grecque, formée par deux rondins de bois courts, bien écorcés et bien assemblés par le milieu. Cette croix fendait l'eau et flottait avec vitesse, en descendant le fleuve ; par moment elle faisait bouillonner l'eau comme si elle eût été mue par une puissance invisible. En approchant de nous, le flotteur sembla s'animer d'une vitesse extraordinaire ; en même temps un formidable ronflement, mêlé au bruit de l'eau qui jaillissait en gerbes, se fit entendre à côté de la barque. Nous aperçûmes un hippopotame qui, épouvanté par la barque, près de laquelle il s'était trouvé inopinément, avait fait un bond et était sorti à moitié de l'eau ; il replongea aussitôt, entraînant le flotteur avec furie.

« Peu après, quelques hommes nous hélèrent de la rive, nous demandant si nous n'avions pas vu le bœuf d'eau en chasse. »

En Abyssinie on le chasse au fusil. Salt nous raconte une de ces chasses qui ne fut guère heureuse.

« Placés sur un rocher élevé et saillant, nous ne tardâmes pas à apercevoir à soixante pieds de distance un hippopotame qui, sans défiance, montra son énorme tête au-dessus de l'eau, en reniflant violemment, à peu près comme un marsouin. Trois des nôtres lui tirèrent leur coup de fusil ; on le crut atteint au front ; il regarda autour de lui en grondant et mugissant avec colère, et plongea aussitôt. On s'attendait à voir son corps flotter à la surface de l'eau ; mais il reparut à la même place, avec plus de précaution, et sans avoir l'air déconcerté de ce qui venait de lui arriver. Nous fîmes feu de nouveau sans plus de succès que la première fois. On continua à tirer sur plusieurs autres de ces animaux ; je ne puis assurer qu'aucun ait été blessé, même légèrement. Nos balles en plomb étaient trop molles pour pénétrer dans le crâne de ces gros animaux ; elles rebondissaient constamment. Cependant, vers la fin du jour, devenus plus circonspects, ils se bornaient à mettre leurs narines hors de l'eau, qu'ils faisaient jaillir en l'air par la force de leur souffle. »

C'est également à coups de fusil qu'on le chasse le plus communément dans le sud de l'Afrique. Dans les régions visitées par Le Vaillant, Sparrman, Livingstone, on creuse en outre des fossés dans les sentiers suivis par l'animal. M. du Chaillu nous apprend, au contraire, que l'emploi de ce piége est inconnu au Gabon.

Il nous raconte une de ses chasses : « Il y avait par là un endroit dont le peu de profondeur permettait à ces animaux de s'y tenir et de prendre leurs ébats tout alentour. Ils s'y rassemblaient pendant le jour, se jouant dans le fleuve, plongeant, ou restant immobiles sur le bas-fond, leurs hideux museaux hors de l'eau, semblables à quelques vieux troncs d'arbres ballottés par la tempête et échoués sur le sable. Nous approchâmes lentement et avec précaution, jusqu'à trente mètres de la bande, sans attirer le moins du monde l'attention de ces paresseux animaux. Là, je m'arrêtai et je tirai cinq coups de fusil, qui, autant que je pus voir, tuèrent trois hippopotames. L'oreille

est chez eux la partie vulnérable, et c'était là que je
visais toujours. Le premier coup de feu ne leur causa
pas une grande émotion ; mais les convulsions de la
bête frappée, qui tourna plusieurs fois sur elle-même
et qui finit par couler au fond, jetèrent le désordre
dans le troupeau. Ils se mirent à battre l'eau et à plonger au plus profond du fleuve ; le sang de mes victimes
rougissait l'eau tout autour de nous et m'empêchait de
voir si les survivants de la bande nageaient dans notre
direction.

« Tout à coup, notre bateau reçut une violente secousse ; je regardai par-dessus le bord ; nous étions
au beau milieu du troupeau. Ils ne venaient pas cependant nous attaquer ; je crois plutôt qu'ils cher-
chaient à se sauver. Nous poussâmes la pirogue le plus
vite possible hors de leur atteinte, car je n'avais pas
envie de chavirer. Je ne recueillis qu'un seul des animaux tués, qui fut trouvé deux jours après au bord
d'une petite île, à l'embouchure du fleuve. Il est probable que les nègres ont pris et mangé les autres,
à mesure qu'ils sont venus s'échouer, et qu'ils ne m'en
ont rien dit, craignant de me voir réclamer ma part
de prise. »

Il fit peu de temps après une chasse de nuit ; c'était
par un beau clair de lune. Les chasseurs s'étaient mis
en embuscade derrière un buisson à proximité du
promenoir habituel des hippopotames.

« Aucun de ces animaux n'était encore sorti du
fleuve ; nous les entendions de loin ronfler et clapoter,
et le bruit qu'ils faisaient avec leurs naseaux trou-

blait d'une façon étrange la tranquillité de la nuit.
Cependant la lune penchait déjà vers l'horizon et je
commençais à m'impatienter, lorsque j'entendis un
grognement. Je regardai, et à travers la demi-obscu-
rité je vis confusément un énorme animal que l'ombre
flottante rendait encore plus monstrueux. Il était tranquillement occupé à brouter l'herbe, qu'il semblait ton-
dre de très-près.

« Igala et moi nous ajustâmes la bête. Il fit feu, puis,
sans regarder l'effet du coup, il s'enfuit aussi vite que
le lui permettait une bonne paire de jambes. Je n'étais
pas prêt en même temps que lui, et je tirai un moment
plus tard ; mais avant de fuir aussi, exercice qui m'était
moins familier qu'à Igala, je m'aperçus que ce n'était
pas nécessaire ; la bête avait chancelé un moment, puis
était tombée morte. »

Nous voilà bien loin des coups inhabiles de Sparrman.

Le Vaillant avait eu des succès égaux à ceux de
M. du Chaillu. Un vieillard, un Namaquois, lui parla
un jour d'un chagrin qu'il avait. « Il était peu éloigné
de la rivière. Les hippopotames y fourmillaient ; ses
compagnons et lui eussent bien voulu s'en procurer
de temps en temps quelques-uns pour leur nourriture ;
mais, quoiqu'ils eussent creusé des fosses et tendu
des piéges le long du rivage, cependant, depuis deux
ans qu'ils habitaient le canton, ils n'avaient pu encore
en prendre que trois. Ces animaux, disait-il, étaient
trop fins pour eux ; et il ne doutait pas qu'avec mes fusils, dont il avait entendu raconter les effets, je n'en
eusse autant qu'il me plaisait.

« Mon plan fut de partir dans l'après-dînée du jour suivant, d'aller passer la nuit près de la rivière, et le lendemain, de commencer la chasse dès le crépuscule. J'emmenai avec moi tous mes chasseurs. Un détachement de la horde me suivait, avec quelques bœufs de charge pour porter le produit de notre chasse, et au point du jour je mis tout mon monde en activité.

« La moitié de la troupe passa le fleuve à la nage, tandis que l'autre resta de mon côté. Quand les nageurs furent arrivés à l'autre bord, ils se partagèrent en deux bandes, dont l'une remonta la rivière à une certaine distance, et l'autre la descendit. La même chose se fit sur mon rivage. Les quatre bandes embrassèrent ainsi trois quarts de lieue de rivière ; moi seul je restai en place et au centre des traqueurs.

« A un signal donné, tous avaient ordre de partir de leur poste à pas lents, et de se rendre vers moi, les uns, en poussant de grands cris, les autres, en tirant de temps en temps des coups de fusil, pour rabattre et conduire à ma portée les hippopotames qui se trouveraient dans cet espace du fleuve. Il s'en rencontra huit. Toutes les bandes de chasseurs étant réunies au centre commun, nous n'eûmes plus besoin que de patience et d'adresse.

« En peu de temps nous en blessâmes plusieurs. Déjà même deux étaient mis à mort, et les gens de la horde étaient ravis de joie. Mais quelques-uns d'entre eux s'étant mis à la nage pour faire échouer à la rive les deux bêtes mortes, un des nageurs reçut des hip-

popotames blessés un coup de boutoir, et un autre eut
la cuisse fendue d'un coup de dent. Ce double accident m'en fit craindre quelque autre plus fâcheux encore. Je rappelai tout mon monde, et, au grand regret
des Namaquois, je terminai une chasse que tout annonçait devoir être plus abondante, mais qui ne pouvait plus se continuer sans de très-grands périls. »

LE RHINOCÉROS

Un voyageur dit que la vue du rhinocéros suffit pour mettre le lion en fuite.

Un autre, qui ne contredit pas le précédent, écrit que le rhinocéros fait fuir le lion comme un chat.

Un troisième : « Il tue jusqu'à l'éléphant en lui crevant le ventre avec sa corne. »

Un quatrième : « Les hommes sont les seuls ennemis qu'il redoute, et il cesse de les craindre dès qu'il est blessé ou poursuivi. »

Écoutons encore celui-ci : « C'est à la fois un traître que rien n'annonce, un agresseur que rien n'épouvante et un furieux que toute résistance rend implacable. »

Voilà la bête ; elle habite à la fois l'Asie et l'Afrique.

Il y a toutefois des degrés. Ainsi il paraît que le rhinocéros blanc est relativement d'un caractère doux et confiant.

Il ne faut cependant pas s'exagérer cette douceur. Un rhinocéros blanc, ayant été blessé par M. Oswell, jeta en l'air d'un même coup de corne cheval et cavalier.

Qu'on juge après cela du savoir-faire du rhinocéros noir.

Le même M. Oswell en poursuivait deux qui se retournèrent tout à coup et revinrent lentement sur lui. Sachant combien il est difficile de frapper d'une seule balle le petit cerveau du rhinocéros, il attendit, pour lâcher la détente, que celui qui s'avançait le premier lui présentât l'épaule et ne fût plus qu'à une distance de quelques mètres ; il pensait échapper ensuite à la bête furieuse en se rejetant de côté ; mais, bien qu'il eût déchargé son fusil presque à bout portant, il fut lancé en l'air avec force et retomba sans mouvement aux pieds de la brute. Quand il reprit connaissance, il trouva son corps et ses membres couverts de larges blessures. J'ai vu, longtemps après, dit Livingstone, celle qu'il avait reçue à la cuisse ; elle était toujours béante sur une longueur de 15 centimètres.

M. Moffat ayant abattu un rhinocéros noir, les indigènes se précipitèrent sur la bête en poussant des cris de joie ; douze lances pénétrèrent à la fois dans les flancs de la victime ; ces piqûres la ranimèrent ; en un instant, elle fut sur pied, et se jeta, en labourant le sol de ses cornes, — c'est son allure, — sur ses vainqueurs, qui montrèrent tout de suite les talons.

Les rhinocéros sont, après les éléphants, les plus gros mammifères terrestres connus. Leur nom vient de deux mots grecs qu'on peut traduire par *corne sur le nez*. On sait en effet que la région frontale nasale est surmontée chez les adultes de une ou deux cornes, selon les espèces. Ils vivent de végétaux, et leur système dentaire est parfaitement assorti à ce genre de nourriture. Ils ont le cou si court et si peu flexible, qu'ils s'attachent beaucoup moins aux herbes qu'aux feuilles des rameaux qui sont à leur portée, feuilles que leur lèvre supérieure, très-mobile et terminée en pointe triangulaire, saisit très-bien. Suivant Chardin, les Abyssins sauraient dompter les rhinocéros et les faire travailler comme des bœufs.

Il est rare qu'on en rencontre plus de quatre ou cinq à la fois. et c'est bien assez d'en rencontrer un. On les recherche cependant à cause de leur chair, qui est un régal pour les sauvages.

En Nubie, on le chasse à cheval. Les hommes sont entièrement nus. Ils se précipitent sur lui, l'irritent sans pouvoir le blesser. Malgré leur adresse et l'agilité de leurs chevaux, ils ne parviennent pas toujours à esquiver les coups de leur redoutable adversaire. L'animal furieux se met à la poursuite des assaillants. Alors l'un d'eux se détache de ses compagnons et fait mine d'attendre. Le rhinocéros tourne sa rage contre celui-ci et abandonne les autres chasseurs qui, s'éloignant rapidement vont se cacher en un lieu favorable près de quelque grand arbre choisi d'avance.

Lorsque le cavalier resté aux prises avec l'animal suppose que ses camarades ont atteint leur retraite, il

Un rhinocéros ayant été blessé jeta en l'air cheval et cavalier.

part comme un trait, arrive au pied de l'arbre indiqué, saute de son cheval qui s'enfuit et grimpe dans
les branches.

Le rhinocéros qui l'a suivi se jette avec furie sur
l'arbre qu'il voudrait renverser et dans lequel sa corne
entre profondément. Mais pendant qu'il fait des efforts
inouïs pour se dégager, les chasseurs en embuscade
tombent sur lui et le tuent à coups de lance. Quant
au cheval, il s'est arrêté dès qu'il n'a plus été poursuivi, et attiré par les hennissements de ses compagnons, il ne tarde pas à venir les rejoindre.

Le rhinocéros attaqué prend volontiers, comme on
voit, un arbre pour un chasseur et décharge sa rage
sur le premier. Livingstone attribue cette méprise à
la corne placée précisément sur la ligne du rayon
visuel; il donne pour preuve que la variété nommée
Kua-boabo, dont la corne s'abaisse de manière à ne pas
gêner la vision, montre plus de discernement que les
autres. Soit. L'œil est du reste fort petit, enfoncé dans
la tête. En échange, l'ouïe et l'odorat sont fort subtils;
au moindre bruit, l'animal prend l'alarme, dresse les
oreilles, se lève, écoute, à moins qu'il ne soit endormi,
car il a le sommeil étrangement dur. On a dit le contraire, mais Sparrman raconte ceci :

« Deux de nos Hottentots tireurs aperçurent à travers les buissons, et à trois ou quatre pas de distance,
un rhinocéros couché sur le côté droit, et si profondément endormi, qu'il ne s'éveilla point au bruit assez
fort qu'ils firent en heurtant par hasard leurs deux
fusils l'un contre l'autre. Leur premier mouvement

fut de le coucher en joue; mais comme il ne s'éveillait point, et qu'ils ne voyaient que le derrière de son corps, après avoir tenu conseil, ils firent un circuit, et se plaçant de manière à pouvoir pointer leurs deux fusils près de la tête du rhinocéros, ils lui déchargèrent les deux coups à la fois dans la poitrine. Comme

l'animal se débattait, quoique assez faiblement, ils craignirent qu'il ne pût encore se relever et les poursuivre; alors, autant pour leur amusement que par précaution, ils rechargèrent leurs armes, et lui tirèrent encore plusieurs balles. »

On vint dire à Le Vaillant que deux rhinocéros se

trouvaient arrêtés côte à côte dans une plaine à petite distance de son camp ; il partit aussitôt en compagnie de ses gens.

« L'un d'eux était beaucoup plus gros que l'autre, je les crus mâle et femelle. Ils portaient le nez au vent, et par conséquent, nous présentaient la croupe. C'est la coutume de ces quadrupèdes, quand ils sont ainsi arrêtés, de se placer dans la direction du vent, afin d'être avertis par l'odorat des ennemis qu'ils ont à craindre. Seulement alors ils détournent de temps en temps la tête, pour jeter un coup d'œil en arrière et veiller à leur sûreté ; mais ce n'est vraiment qu'un coup d'œil et l'affaire d'un instant.

« Déjà nous raisonnions sur les dispositions à faire pour entreprendre notre attaque, quand Jonker, l'un de mes Hottentots, me demanda de le laisser attaquer seul les deux bêtes. Je le laissai faire. Il se mit tout nu, et partit, en emportant son fusil et rampant sur le ventre comme un serpent.

« Pendant ce temps, j'indiquai à mes chasseurs les différents postes qu'ils devaient occuper. Moi, je restai au lieu où je me trouvais, avec deux Hottentots : l'un tenait mon cheval, tandis que l'autre tenait les chiens ; nous nous cachâmes tous les trois derrière un buisson.

« J'avais en main une de ces lorgnettes de spectacle, qui souvent m'avait servi à étudier le jeu des machines et l'effet de nos décorations de théâtre. Que les objets étaient changés ! en ce moment, elle rapprochait de moi deux monstres épouvantables, qui parfois tournaient de mon côté leur tête hideuse. Bientôt leurs mouvements d'observation et de crainte commencèrent à devenir plus fréquents, et je craignais qu'ils n'eussent entendu l'agitation de mes chiens, qui, les ayant aperçus, faisaient tous leurs efforts pour échapper à leur gardien et s'élancer contre eux.

« Jonker, de son côté, avait toujours, quoique lentement, les yeux fixés sur les deux animaux. Leur voyait-il tourner la tête, à l'instant il restait immobile.

« Son traînage, avec toutes ses interruptions, dura plus d'une heure. Enfin, je le vis se diriger vers une grosse touffe d'euphorbes qui se trouvait à deux cents pas au plus des rhinocéros. Arrivé là et sûr de pouvoir s'y cacher, il se releva et après avoir tourné les yeux de tous côtés pour voir si ses camarades étaient tous arrivés à leur poste, il se prépara à tirer.

« Pendant tout le temps de sa marche rampante, je l'avais suivi de l'œil : et à mesure qu'il avançait j'avais senti mon cœur palpiter involontairement. Mais les palpitations redoublèrent quand je le vis si près des animaux, et au moment de tirer sur l'un d'eux. Que n'aurais-je pas donné dans cet instant pour être à la place de Jonker, ou tout au moins à côté de lui ! J'attendais dans la plus vive impatience que le coup partît, et je ne concevais pas ce qui l'empêchait de tirer ; mais le Hottentot qui était à mes côtés, et qui, à la vue simple, le distinguait aussi parfaitement que moi avec ma lorgnette, me dit que si Jonker ne tirait point, c'est qu'il attendait qu'un des rhinocéros se retournât pour l'ajuster à la tête.

« En effet, le plus gros des deux ayant regardé de

mon côté, il fut tiré aussitôt. Blessé du coup, il poussa un cri effroyable, et, suivi de sa femelle, courut avec fureur vers le lieu d'où le bruit était parti. Une sueur froide se répandit sur mon corps. Je m'attendais à voir les deux monstres renverser le buisson, écraser sous leurs pieds le malheureux Jonker et le mettre en pièces; mais il s'était couché le ventre contre terre. La ruse lui réussit parfaitement, ils passèrent près de lui sans l'apercevoir, et vinrent droit à moi.

« Alors à mon angoisse succéda la joie, et je m'apprêtai à les recevoir. Mais les chiens, animés déjà par le coup de fusil qu'ils avaient entendu, se démenèrent tellement à leur approche, que ne pouvant plus les contenir, je les détachai et les lâchai contre eux.

« A cette vue, ils firent un crochet, et allèrent donner dans une des embuscades où ils essuyèrent un nouveau coup de feu; puis dans une troisième, où ils reçurent un troisième coup. Mes chiens, de leur côté, les harcelaient à outrance, ce qui accroissait encore leur rage. Ils détachaient contre eux des ruades terribles; ils labouraient la plaine avec leur corné, et y creusant des sillons de 7 à 8 pouces de profondeur, lançaient autour d'eux une grêle de pierres et de cailloux.

« Pendant ce temps nous nous rapprochâmes tous, afin de les cerner de plus près, et de réunir contre eux toutes nos forces. Cette multitude d'ennemis, dont ils se voyaient entourés, les mit dans une fureur inexprimable. Tout à coup le mâle s'arrêta, et cessant de fuir devant les chiens, il se tourna contre eux pour les attaquer et les éventrer. Mais tandis qu'il les poursuivait, la femelle gagna au large.

« Je m'applaudis beaucoup de cette fuite, qui nous devenait très-favorable. Il est certain que, malgré notre nombre et nos armes, deux adversaires aussi formidables nous eussent fort embarrassés. J'avoue même que sans mes chiens nous n'eussions pu combattre qu'avec risques et périls celui qui restait. Les traces de sang qu'il laissait sur son passage nous annonçaient qu'il avait reçu plus d'une blessure, et il n'en mettait que plus de rage à se défendre.

« Cependant, après quelque temps d'une attaque forcenée, il battit en retraite et parut vouloir gagner quelques buissons, apparemment pour s'y appuyer et ne pouvoir plus être harcelé que par devant. Je devinai sa ruse, et dans le dessein de la prévenir, je me jetai sur les buissons, en faisant signe aux déux chasseurs moins éloignés de moi de s'y porter aussi. Il n'était plus qu'à trente pas de nous, lorsque nous nous emparâmes du poste. Puis, le visant tous trois en même temps, nous lui lâchâmes nos trois coups à la fois, et il tomba sans pouvoir plus se relever. »

LES ÉLÉPHANTS

I

Beaucoup d'Indiens s'imaginent qu'une âme humaine habite le corps de l'éléphant. A Siam et au Pegu, les éléphants blancs sont regardés comme les mânes vivants des empereurs indiens. Ces animaux, exempts de tout service, habitent des palais, sont servis par des domestiques nombreux, mangent dans des vases d'or une nourriture de choix et sont revêtus d'ornements magnifiques. Ils ne fléchissent les genoux que devant l'empereur, qui leur rend leur salut. Malgré tant d'adulation, ils restent doux et obéissants. Si les Indiens prenaient la peine d'y réfléchir, cette dernière circonstance leur démontrerait que les éléphants ne sont pas animés d'un souffle humain.

Ce ne sont que des bêtes en effet, mais ce sont les plus sages de toutes. Aucune ne les dépasse en intelligence, ni en adresse, ni en force, ni en docilité. Aucune ne laisse entre les mains du chasseur une dépouille plus recherchée ni plus précieuse. Voilà bien des motifs pour que l'homme leur déclare la guerre.

Dans l'Inde, la chasse à l'éléphant a pour but tantôt de faire des prisonniers et tantôt de faire de l'ivoire. Dans l'Afrique australe, on ne se propose jamais que ce dernier but. C'est que dans l'Inde l'éléphant est employé à la guerre, à la chasse et dans une multitude de travaux, tandis qu'il n'y a pas aujourd'hui d'emploi en Afrique. L'espèce de cette dernière région est d'ailleurs beaucoup moins grande et moins forte que celle de la première. Ajoutons que partout la chair de l'éléphant entre dans l'alimentation des peuples sauvages ou barbares qui vivent dans le voisinage de ces animaux. Il est même des parties que tous les Européens qui en ont goûté considèrent comme morceaux de choix.

Il y en a deux espèces : celle des Indes, celle d'Afrique.

L'*Éléphant des Indes* a le front concave, les défenses et les oreilles petites, les dents formées de lames serrées, dont le nombre s'élève jusqu'à vingt-six ; cinq ongles aux pieds de devant, quatre à ceux de derrière. Sa taille, mesurée au garrot, atteint quelquefois 5 mètres et davantage. On le trouve sur le continent, depuis l'Indus jusqu'à la mer Orientale, et dans les grandes îles du sud de l'Asie.

L'*éléphant d'Afrique* a le front convexe, de grandes défenses qui atteignent jusqu'à 8 pieds de long, des oreilles si vastes qu'elles recouvrent une partie de l'épaule, des dents formées de dix lames seulement ; quatre ongles aux pieds de devant, trois à ceux de derrière. On le trouve depuis le Sénégal et le Niger jusqu'au cap de Bonne-Espérance.

Les deux espèces vivent en grandes troupes au sein des forêts solitaires. Un mâle conduit le troupeau. Lorsqu'un danger les menace, il prend la tête ; les femelles et les jeunes suivent. Ils n'attaquent jamais l'homme, ni aucun animal ; mais, provoqués, ils se défendent avec intrépidité, et leur masse, leur vitesse, leurs défenses, en font les plus redoutables adversaires qu'un chasseur puisse rencontrer.

II

Il y a cependant une exception à ce qui vient d'être dit du caractère inoffensif de l'éléphant. Comme le mâle qui conduit le troupeau ne permet guère à aucun rival d'en approcher, il existe un certain nombre de solitaires ou de vieux garçons qui sont parfois de fort méchantes bêtes. Ils entrent en fureur dans certaines saisons et pendant une semaine ou deux tuent quelquefois ceux qu'ils rencontrent.

Le capitaine Dunlop nous en donne quelques exemples ; il nous apprend en particulier qu'il y a en ce moment dans le Doon un éléphant solitaire, connu sous le nom de *Gunesh*, lequel a appartenu au commissariat du gouvernement. Ayant tué son gardien, il se sauva dans les jungles, portant à sa jambe un fragment de la chaîne qui avait servi à l'attacher. Il est donc facile à reconnaître. Or, on l'accuse d'avoir tué quinze personnes en quinze ans.

Un courrier pédestre de la poste anglaise, parti de Bajghad, courait, son sac de dépêches sur le dos, le long de la route. Un solitaire se lança à sa poursuite, l'atteignit, l'écrasa.

Pendant qu'on creusait le canal de Beejapore, à trois milles de Dehra, un éléphant, qui s'était embusqué derrière un buisson, se précipite sur quelques ouvriers indigènes. Il en renverse un, retient sous son pied pesant les jambes du malheureux, lui arrache la partie supérieure du tronc au moyen de sa trompe enroulée sous les aisselles, et continue sa route en brandissant ce sanglant trophée.

Deux bûcherons employés à abattre des arbres dans les jungles du Chandnee-Doon, s'étant trouvés malades, au lieu de suivre leurs compagnons de travail, restèrent à la hutte en compagnie d'un brahmine employé à faire la cuisine de l'escouade. Un de ces bûcherons ayant besoin d'eau se rendit à une source voisine ; il n'en revint pas. Le second s'y rendit à son tour et ne revint pas non plus. Le soir, on retrouva leurs cadavres à quelques pas de la source. Aux traces empreintes sur le sol, il fut facile de deviner comment ils avaient péri. L'un et l'autre avaient été victimes d'un solitaire ; leurs corps ne portaient aucune blessure apparente ; on voyait seulement un peu de poussière sur leur poitrine ; mais, lorsqu'on toucha cette place

avec la main, on reconnut que les os étaient complétement broyés. Une calme pression du pied de la bête
avait éteint la vie de ces infortunés[1].

III

Les éléphants sont excessivement nombreux en certaines parties de l'Afrique et de l'Asie.

Le chasseur qu'on vient de nommer était campé sur
le bord du Sooswa. Il y avait dans le camp plusieurs
éléphants. Vers minuit, ils montrèrent de l'inquiétude,
poussèrent d'abord des notes aiguës, puis enfin firent
retentir les jungles de mugissements auxquels il fut ré-
pondu presque aussitôt, d'abord d'un point, puis d'un
autre, jusqu'à ce que la nuit parut peuplée de leurs
voix.

Aussitôt chacun fut debout. « Comme nous essayions
de regarder à travers les ténèbres, nous reconnûmes
soudain la présence d'un grand pionnier porteur de
défenses près de nos éléphants; puis des masses mou-
vantes dans le voisinage, qui semblaient s'élever et
s'abaisser. Parfois un large corps opaque, que nous
avions pris pour un arbre en buisson et négligé
comme tel, s'évanouissait dans l'espace en un silence
solennel, pendant que les contours obscurs de dos
voûtés et de trompes passaient devant nos yeux ainsi
que les fantômes d'un rêve qui se perdent dans la nuit.

____

[1] *Voyages et chasses dans l'Himalaya.*

L'un et l'autre avaient été victimes d'un solitaire.

Tout à coup le corps principal du troupeau sembla prendre alarme, et nous entendîmes un long clapotement pendant que les éléphants se dirigeaient de notre côté à travers les flots de la Soowsa. Il y avait une brèche à la rive, près de nos tentes, qui se trouvaient à une centaine de mètres de la rivière, et comme les éléphants conducteurs choisirent cette route, nous vîmes bientôt la sombre colonne tout entière glisser à côté de nous dans une lumière bleuâtre, aussi régulièrement que les images dans la coulisse d'une lanterne magique. Ils étaient bien, je crois, autant que j'ai pu le deviner, au moins soixante-dix dans le troupeau, et je remarquai çà et là la lueur pâle de l'ivoire. »

Tels sont les tableaux qui se déroulent en Asie, sous les yeux du voyageur. A Ceylan, on prend communément dans une battue cent éléphants et davantage.

Voilà pour l'Inde. En Afrique, même spectacle. Speke, dans l'Ounyoro, rencontre un troupeau de cent femelles. Livingstone écrit qu'ils sont « en nombre prodigieux » à l'endroit où la Zonga se jette dans le lac Ngami. Delegorgue estime en avoir eu jusqu'à six cents autour de lui. Il sera question plus loin d'un chasseur qui prétendait en avoir vu trois mille à la fois.

IV

Il y a dans l'Inde différentes manières, et des manières très-variées, de prendre des éléphants (nous

dirons plus loin comment on les tue); les exposer
toutes serait fastidieux. On sait quelle pompe les
princes orientaux déployaient naguère dans ces expéditions. Un jour que le comte de Forbin, alors « grand
amiral et général des armées du roi de Siam, » assistait
à une chasse de ce genre, le roi lui demanda ce qu'il
pensait du magnifique appareil qui les entourait.
« Sire, répondit Forbin, en voyant Votre Majesté en-
tourée de tout ce cortége, il me semble voir le roi
mon maître à la tête de ses troupes, donnant des ordres et disposant toutes choses pour un jour de combat. » « Cette réponse, ajoute-t-il, lui fit grand plaisir,
et je l'avais prévu, car je savais qu'il n'aimait rien tant
au monde que d'être comparé à Louis le Grand ; et s'il
faut dire la vérité, cette comparaison, qui ne roulait
que sur la grandeur et la magnificence extérieure des
deux princes, n'était pas absolument sans justesse, y
ayant peu de spectacles au monde plus superbes que les
sorties publiques du roi de Siam. »

Parlons de ce qui se fait aujourd'hui et le plus ordinairement.

Dans quelques endroits on les poursuit avec des
éléphants privés, dressés à ce manége et très-légers à la
course. Lorsque ceux-ci en ont atteint un, le chasseur
lance avec beaucoup d'adresse un nœud coulant en
grosse corde, de manière que l'animal sauvage se
trouve pris par un pied. Il tombe ; on le charge de
liens avant qu'il ait eu le temps ou la possibilité de se
relever, puis on l'attache entre deux forts éléphants
privés qui le battent à coups de trompe s'il fait le ré-

calcitrant, et le forcent à marcher avec eux jusqu'à
l'écurie.

À Ceylan, une chasse aux éléphants est une chose
fort importante. Le gouvernement rassemble un grand
nombre d'Européens et de Chingulais, qui se rendent
dans la forêt habitée par ces animaux. Tous ces traqueurs forment une vaste enceinte ; ils en rétrécissent
la circonférence en avançant et poussant de grands
cris. Les éléphants, effrayés, n'ont qu'un côté pour
fuir, et là se trouve la *Reddah* dans laquelle on les
force à entrer. Cette *Reddah* n'est autre chose qu'une
grande enceinte de pieux se terminant en sorte de
goulot étroit dans lequel, une fois entrés, les éléphants
ne peuvent plus se retourner. Pour les forcer à y entrer
on redouble de cris et l'on fait briller à leurs yeux des
torches allumées ; alors leur épouvante redouble,
et ils se précipitent dans le piége qui se referme sur eux.

Le premier soin, après la capture, est de les apprivoiser. On y parvient en plaçant un ou deux éléphants domestiques auprès de l'issue où l'on fait sortir les éléphants sauvages et en les liant ensemble comme je l'ai dit. La faim d'une part, et de l'autre les coups de trompe de leurs dociles compagnons, leur ont bientôt inspiré la résignation.

On les prend encore au piége. On choisit un sentier qui a été traversé plusieurs fois dans l'année par les éléphants, et qui leur sert probablement de route pour aller des jungles à quelque source des montagnes. On creuse en travers des chemins plusieurs fosses d'environ 20 pieds de large, et de 15 à 20 pieds de profondeur, qui sont ensuite recouvertes de branches et de gazon.

Bien que ces fosses soient admirablement cachées, il n'arrive pas souvent que des éléphants y tombent. Non-seulement ils tâtent du pied, avec le plus grand soin, le terrain qui leur paraît suspect, mais encore ils font un usage constant de leur trompe pour éprouver la solidité du sol, ou débarrasser leur voie de tout ce qui pourrait cacher un piége.

Ce n'est pas chose facile que de tirer l'éléphant d'une de ces fosses, et on n'y arrive guère qu'à l'aide d'éléphants privés ; autrement il faut dompter l'animal par la faim avant de songer à le faire sortir. Quiconque se tiendrait à portée de la trompe d'un éléphant qui vient d'être pris, courrait risque de la vie ; mais, chose singulière, un cornac monté sur le cou d'un éléphant apprivoisé peut s'approcher impunément du nouveau venu, et lui prendre le pied ou le cou dans des nœuds coulants, serrer et desserrer ces nœuds. Les cordes placées aux jambes les entament quelquefois jusqu'à l'os, et laissent des marques qui durent pendant toute la vie de l'animal. Aucune nourriture ne lui est donnée pendant plusieurs jours. Cette privation d'aliments ne tarde pas à réduire son courage. C'est alors que l'homme choisi pour être son cornac s'assure la reconnaissance de l'éléphant en venant lui présenter des aliments et en lui desservant les jambes.

V

Une fois apaisés, ils deviennent très-soumis ; on s'en sert comme bêtes de course et de trait, on les dresse à la chasse et à la guerre, on leur fait porter des fardeaux considérables et ils obéissent à la voix et aux gestes. « Les Siamois, dit Forbin, tirent des services considérables de ces animaux ; ils s'en servent presque comme de domestiques, surtout pour avoir soin des petits enfants : ils les prennent avec leur trompe, les couchent, les bercent et les endorment, et quand la mère en a besoin, elle les demande à l'éléphant, qui les va chercher et les lui apporte. »

Une foule de traits qui témoignent de leur intelligence et de leur docilité sont devenus vulgaires. Faut-il croire à ce qu'un roi de Siam rapportait de celui qu'il montait ? « Cet éléphant avait, il n'y a pas long-temps, un cornac ou palefrenier, qui le faisait jeûner,

en lui retranchant la moitié de ce qui était destiné
pour sa nourriture. Cet animal, qui n'avait point
d'autre manière de se plaindre que ses cris, en fit de
si horribles, qu'on les entendait de tout le palais. Ne

pouvant deviner ce qui le faisait crier si fort, je me
doutai du fait, et je lui fis donner un nouveau cornac
qui, étant plus fidèle et lui ayant donné, sans lui faire
tort, tout le menu de riz, l'éléphant le partagea en
deux avec sa trompe, et n'en ayant mangé que la moitié, il se mit à crier de nouveau, indiquant par là, à

tous ceux qui accoururent au bruit, l'infidélité du premier cornac qui avoua son crime, dont je.le fis sévèrement châtier. »

M. le comte de Warren raconte le trait suivant qui a eu lieu dans l'Indé, pendant la guerre de Coorg, à un moment où la brigade dont l'auteur fit partie se trouvait engagée dans le lit d'un torrent à sec.

« Nous pûmes apprécier en cette circonstance l'intelligence des éléphants et leur utilité dans les montagnes. Parvenus au point où le lit du torrent se précipitait en cascades, il s'agissait de faire remonter aux canons la pente presque verticale d'une roche granitique, dont les eaux avaient usé et poli la surface. Les bœufs qui traînaient les pièces, après un ou deux efforts, renoncèrent à cette entreprise, et se couchèrent comme ils font toujours dans les cas désespérés. On se décida alors à envoyer chercher quelques éléphants du convoi. Les deux plus obéissants furent débarrassés de leurs fardeaux, et amenés par leur mahahouts auprès des canons. On leur indiqua de la voix, de l'exemple et du geste, ce que l'on attendait de leur courage, et la confiance qu'on avait en eux ne fut pas trompée. Effectivement, un de ces colosses se plaçant derrière une pièce de six, y appliqua l'extrémité de sa trompe, et la poussant devant lui, tandis que les canonniers se contentaient de la guider, lui fit remonter toute la chute des rochers ; un peu plus loin, la pièce ayant roulé dans un ravin et s'étant renversée, les deux éléphants l'enlevèrent avec leurs trompes, une de ci, une de là, la retirèrent et la replacèrent sur son affût. »

Un fait plus remarquable encore s'est passé pendant
cette horrible insurrection indienne (non moins horrible par les représailles des Anglais que par les effroyables excès des insurgés). Un jour du mois de mars 1858,
par les ordres du général Outram, en marche sur
Lucknow, trois obusiers, descendus du dos de l'éléphant qui les portait pendant la marche, furent mis
en batterie sur une petite éminence dans le but d'inquiéter le flanc de l'ennemi. Cet éléphant porte un
nom célèbre dans l'Inde, un nom illustré par sa mère
et dont il est digne, ainsi qu'on va le voir : celui de
Kudabar-Moll. Dès que les pièces furent installées,
l'animal se plaça, suivant la consigne, à quelques pas
en arrière et regarda. Bientôt la plupart des artilleurs
tombèrent décimés par la mousqueterie de l'ennemi ;
ce que voyant, Kudabar-Moll II intervint, et prenant
avec sa trompe les gargousses au fond du caisson, il
les faisait passer une à une aux rares survivants. Le
moment vint où il ne resta plus que trois Anglais. Ces
braves réussirent cependant à recharger leurs obu
siers, mais avant qu'ils pussent y mettre le feu, ils
tombèrent tous mortellement frappés. « A nous, mon
brave Kudabar ! » s'écria celui qui tenait la mèche.
L'éléphant s'approcha, saisit la mèche, mit le feu à la
première pièce et s'apprêtait à continuer la manœuvre,
quand deux compagnies d'infanterie, arrivant au pas
de course, délogèrent l'ennemi.

Mais rien n'est parfait en ce monde, pas plus l'éléphant que l'homme. Une preuve entre autres :

Un éléphant-mâle, appartenant au commissariat, se

désaltérait à un cours d'eau qui traverse la ville de Dehra. Une vieille femme s'approcha pour remplir une cruche de terre. L'animal, saisi d'une inexplicable envie de mal faire, passe sa trompe autour de la femme, l'enlève de terre et, la plaçant sous un de ses pieds, l'écrase tranquillement ; puis il se remet à remuer les oreilles et à boire, comme si cette petite bouffonnerie n'eût été qu'un innocent écart d'imagination.

Il arrive quelquefois que des éléphants domestiques s'échappent, et on a vu ce que quelques-uns de ces déserteurs deviennent. D'autres ne tardent pas à se dégoûter de la liberté, et viennent d'eux-mêmes reprendre leur service. Une grosse femelle nommée Ram Kullée, et célèbre à Hurdwar pour son habileté à dresser et à calmer les éléphants pris aux piéges, se sauva dans les jungles à deux ou trois reprises, et chaque fois revint de son plein gré.

VI

Nous avons dit comment on prend les éléphants de l'Inde ; montrons par un ou deux exemples comment on les tue.

C'était dans les gorges sauvages de Sewalik ; deux indigènes Brinjara et un Ghoorka accompagnaient le chasseur. « Nous venions enfin, dit celui-ci, de nous étendre à terre, épuisés par la chaleur et le manque d'eau, laquelle est très-rare pendant l'été sur les versants septentrionaux de la chaîne des Sewalik, lorsque

le silence qui nous entourait fut interrompu tout à coup
par le craquemént d'une branche cassée. Nous avançâmes doucement et silencieusement dans la direction
indiquée par le bruit, et nous tombâmes sur un troupeau de sept gros et de plusieurs petits éléphants occupés à paître. Ils ne nous avaient pas éventés, bien que
je n'eusse pris aucune précaution à cet égard, et tout
en remuant leurs larges oreilles, ils broutaient les
buissons de bambous et les autres arbres autour d'eux.
Après avoir placé le Brinjara à une distance rassurante
pour son salut et prescrit au petit Ghoorka de se tenir à 20 ou 50 mètres environ derrière moi avec
mon fusil de réserve à deux coups, je commençai à me
glisser vers le troupeau avec ma seule carabine ; tout
à coup un changement dans la direction du vent fit se
dresser en l'air un certain nombre de trompes. La
trompe a un curieux petit appendice en forme de
doigt, et en une seconde chacun d'eux se trouva tourné
vers le buisson derrière lequel j'étais baissé, comme
pour indiquer l'endroit d'où ils sentaient venir le danger. Le corps du troupeau commença alors à se retirer
lentement, les rencontres fréquentes qu'ils faisaient de
bûcherons dans les jungles les ayant rendus moins
faciles à effaroucher qu'ils ne l'auraient été autrement.
On ne voyait parmi eux aucun porteur d'ivoires, et si
le mâle ne se tenait point à l'écart près de là, le chef
du troupeau pouvait être quelque gros muckna ou éléphant mâle sans défenses.

« Une énorme femelle était en train de faire sa cueil-
lette parmi les branches d'un buisson de bambous, à

une courte distance en face de moi ; je me glissai en avant sous le couvert et j'arrivai à quatre pas d'elle avant qu'elle me vît ; je visai à la tempe et je fis feu. J'avais résolu de me précipiter en bas de l'escarpement le plus roide que je pourrais trouver si mon coup n'était point mortel, et dès que j'eus tiré, je courus directement vers l'endroʼt où se trouvait mon chasseur ghoorka. Un épouvantable fracas dans les arbres suivit la détonation de mon fusil et j'aperçus le Brinjara fuyant à travers le bois avec une frayeur horrible.

« Comme je n'étais point poursuivi, je revins à l'endroit d'où j'avais tiré, et je vis l'éléphant étendu mort. La balle avait percé le crâne, mais elle n'avait fait que toucher la cervelle, bien qu'elle pesât quatre onces, qu'elle fût munie d'une pointe d'acier et que j'eusse chargé avec six drachmes, ou environ quatre charges de carabine ordinaire de poudre. »

Autre exemple. Nous sommes cette fois dans la forêt de Dholekote, sur la piste de tout un troupeau. L'intérêt du fait consiste en ce que le chasseur était monté sur un éléphant femelle pourvu d'une selle. Il s'était promis d'en descendre dès qu'il serait en vue du gibier. Mais il ne tarda pas à reconnaitre que le vieux père de famille, lequel était armé de respectables ivoires, prenait l'alarme ainsi que tous les siens, dès que le chasseur descendait de sa monture ; tandis qu'au contraire il semblait contempler sans crainte l'éléphant chargé de ses deux hommes.

« Je résolus donc, en dépit des nombreuses observations du cornac, qui doutait que ma carabine pût arrêter court un éléphant dans sa charge, d'aller droit au vieux mâle et de le tirer du haut de mon éléphant. J'avais une carabine de tir américaine, portant soixante-quinze à la livre, dont je désirais très-vivement éprouver la force, et je tirai avec cette arme l'animal à la tempe, à une distance de quarante pas. A cette portée, je pouvais facilement briser le pied d'un verre, et dès lors, j'étais parfaitement sûr d'avoir frappé l'endroit visé ; mais le calibre se trouva insuffisant, et le patriarche s'en fut au pas de course, suivi de quatre balles de ma batterie que je lui tirai assez follement dans le vain espoir de l'arrêter. Nous recommençâmes alors à suivre la piste, aidés çà et là par des gouttes de sang. Après une poursuite de cinq milles, nous nous aperçûmes que nous avions changé de voie, après avoir perdu l'éléphant blessé, et pris celle d'un éléphant qui s'écartait absolument de la direction suivie par le troupeau ; nous suivions en fait les empreintes fraîches d'un vieux solitaire mâle dont nous venions de troubler les méditations, à dix milles environ de l'endroit où mon premier coup de feu avait été tiré. Nous étions maintenant dans la forêt de Horawalla, où l'on est toujours sûr de trouver des éléphants à l'époque où le riz mûrit. »

Pour son malheur le vieux solitaire fut rejoint. « J'essayai cette fois ma lourde carabine en tirant du haut de mon éléphant à quinze pas environ ; ma visée ne fut point parfaitement sûre, le vieux mâle, touché, trébucha et tomba sur ses genoux ou plutôt sur ses cou-

La balle avait percé le crâne.

des ; mais comme il beuglait furieusement, il était clair
que la cervelle n'avait pas été pénétrée. Je me laissai,
en conséquence, glisser en bas de ma monture, et tirant
l'autre balle droit au front du solitaire, à trois pas de
distance, je le tuai instantanément, puis, gravissant
son cadavre énorme, je m'assis en triomphe sur mon
ennemi mort. »

VII

En Afrique, on chasse l'éléphant non pour se procurer un serviteur puissant, mais pour avoir ses défenses. C'est donc par sa mort que toutes les expéditions
heureuses se terminent. Il y a toutefois beaucoup de
manières de préparer ce résultat.

Arrêtons-nous un moment en Nubie.

Avant tout, les chasseurs doivent connaître parfaitement les habitudes journalières de celui dont ils veulent faire leur proie, ainsi que les lieux fréquentés par
lui. Cette condition remplie, ils s'établissent dans le
feuillage touffu des grands arbres que l'éléphant vient
brouter ; invisibles, ils attendent son approche, et lorsque l'animal sans méfiance se trouve au-dessous d'eux,
saisissant l'instant favorable, ils lui plongent leurs lances dans les yeux et dans la gueule. Ce procédé pourra
paraître fort élémentaire ; il est très-dangereux. Car,
si l'animal n'est que blessé, il faudra que l'arbre soit
bien solide pour qu'il ne le déracine. Malheur encore à l'imprudent qui, calculant mal les distances,

se sera placé sur une branche assez peu élevée pour que l'animal puisse y atteindre ! Il mourra sous le poids de celui-ci.

Ceux du Sennaar s'y prennent d'une façon qui éclairera davantage le lecteur.

Deux hommes absolument nus montent sur un cheval ; ils sont nus, parce qu'il ne faut pas que le moindre haillon puisse les faire accrocher par les branches des arbres et des buissons quand ils fuiront devant leur ennemi. Un des cavaliers tient un bâton court de la main droite, et de l'autre, la bride, qu'il manie attentivement. Son camarade, en croupe derrière lui, est armé d'un large sabre dont il tient la poignée dans sa main gauche. Quatorze pouces de lame sont bien recouverts avec de la ficelle ; ainsi, il peut prendre cette partie de la lame avec la main droite, sans courir risque de se blesser, et, quoique cette lame soit tranchante comme un rasoir, il la porte sans fourreau.

Dès qu'on a découvert l'animal occupé à brouter, l'homme qui conduit le cheval s'élance droit à lui, en criant : « Je suis un tel, voilà mon cheval qui porte tel nom, j'ai tué votre père dans tel endroit et votre grand-père dans tel autre ; à présent, je viens vous tuer, vous n'êtes qu'un âne en comparaison de votre père. » Le cavalier croit réellement que l'éléphant comprend ces paroles, parce que celui-ci, irrité du bruit, cherche à frapper avec sa trompe et, au lieu de se sauver, comme il pourrait le faire en fuyant, poursuit le cheval, qui tourne et retourne sans cesse autour de lui. Enfin, le cavalier galopant auprès de l'animal, laisse en passant glisser son compagnon, qui, profitant du moment où l'éléphant s'occupe du cheval, lui donne adroitement un coup de sabre sur le haut du talon et coupe le tendon qui, chez l'homme, est appelé *tendon d'Achille*.

C'est le moment difficile, car il faut qu'aussitôt le cavalier revienne en arrière pour reprendre son compagnon, qui s'élance sur la croupe du cheval ; ils poursuivent alors avec une extrême vitesse les autres éléphants, s'ils en ont fait écarter plus d'un du troupeau, et quelquefois en tuent jusqu'à trois de la même bande. Si le sabre est bien affilé, et si l'homme frappe d'une main assurée, le tendon est entièrement séparé ; s'il ne l'est pas, le poids de l'animal a bientôt achevé la besogne. L'éléphant, ne pouvant plus avancer, tombe sous les javelines des cavaliers, et expire en perdant tout son sang.

Quelque adroits que soient ces chasseurs, l'éléphant les saisit quelquefois avec sa trompe, et d'un seul coup, terrassant le cavalier et le cheval, il leur arrache tous les membres les uns après les autres. Beaucoup périssent de cette manière. En outre, dans le temps où l'on fait la chasse, la terre est tellement desséchée par le soleil, qu'il y a beaucoup de crevasses, et il est très-dangereux alors de courir à cheval.

On cite cependant un homme qui, loin de s'effrayer des périls de cette chasse, lui avait apporté ce perfectionnement : il la faisait sans l'aide de personne. Laissons le parler :

« Je frotte mon corps avec la graisse d'éléphant, et

je me cache dans le voisinage des lieux qu'ils fré-
quentent ; je les observe attentivement, et lorsque j'en
vois un séparé de ses compagnons, je m'en approche
avec précaution. L'odeur que je répands empêche l'a-
nimal de faire attention à moi. Je suis armé d'un glaive,
à tranchant acéré ; d'un bras vigoureux, je frappe
l'éléphant sur une jambe de derrière, et, aussi prompt
que la gazelle, je disparais. Le sang jaillit de sa blessure, et le quadrupède furieux pousse des cris terribles qui font fuir ses compagnons effrayés ; irrité par
la souffrance, il frappe vivement la terre de son pied
blessé, achève de le couper et tombe accablé sous sa
propre masse, incapable de se relever. L'éléphant est
seul, les autres se sont tous éloignés, je puis alors
m'approcher sans crainte : il est dans l'impossibilité de
se mouvoir ; je sais qu'il ne sera pas secouru et pourvu
que j'évite de me mettre à portée de sa trompe, il
m'est facile de l'achever. »

VIII

Rendons-nous maintenant dans le Sud, non sans
avoir, chemin faisant, assisté à une des chasses de
l'infortuné capitaine Speke.

Ceci se passe dans l'Oungoro : « Des éléphants nous
furent signalés dans le voisinage. Mon camarade et
moi, nos fusils une fois prêts, découvrîmes un troupeau
d'une centaine de femelles, dans une plaine couverte
de hautes herbes, çà et là semée de monticules revêtus

d'arbustes nains. Nous tirâmes sur une dizaine au moins, sans tuer aucune de ces énormes bêtes, et une seule parut disposée à nous charger. Profitant, pour me dérober, de l'épaisseur des herbes, je me glissai à portée du troupeau et envoyai un coup de fusil à l'une des plus grosses, qui s'éloigna en bramant. Les autres prirent l'alarme, se groupèrent, et humant l'air de leurs trompes simultanément relevées, finirent par vérifier, à l'odeur de la poudre, que leur ennemi était en face d'elles. Alors, remuant leurs trompes, elles se rapprochèrent de l'endroit où je me tenais abrité par un pli de terrain. Quand elles me flairèrent, leur marche fut aussitôt suspendue, et dressant la tête, elles nous regardèrent obliquement de haut en bas. La situation n'avait rien que de très-menaçant. Je ne pouvais me ménager le moyen d'en frapper aucune de façon à ce qu'elle tombât sous le coup, et si je différais d'un instant, nous pouvions être, moi et mon compagnon, ramassés à terre, foulés aux pieds. Aussi me hâtai-je de viser aux tempes, et, le coup ne s'étant pas trouvé mortel, je mis en fuite la bande tout entière, empressée à gagner pays, plus vite qu'elle n'était venue. Ceci fait, je quittai la partie, attendu que je ne pouvais séparer de la troupe aucun des éléphants que j'avais blessés, et il me semblait cruel d'en frapper d'autres en pure perte. Toute réflexion faite, j'aurais dû employer plus de poudre; la petite taille de ces animaux, comparativement à celle des éléphants indous, me les avait trop fait mépriser, et j'avais chargé mon fusil comme s'il s'était agi d'un rhinocéros. »

IX

Les trappes sont en usage dans l'Afrique du Sud comme en Asie. On les recouvre adroitement de branchages ; mais on a connu de vieux éléphants qui, à la tête de leur bande, enlevaient la couverture des fosses, et Livingstone dit en avoir vu qui tiraient les jeunes des trappes dans lesquelles ils étaient tombés. Des voyageurs y tombent aussi quelquefois ; Le Vaillant, par exemple, qui, à force de tirer des coups de fusil, finit par attirer l'attention de ses gens, qui le délivrèrent. M. Du Chaillu a eu la même aventure chez les Apingis. La fosse avait dix pieds de profondeur, c'était la nuit : « Pour le coup, je me crus perdu. Seul, abandonné pendant la nuit dans ce trou maudit, je m'attendais, en outre, à voir quelque gros serpent me tomber sur la tête. Je criai de toutes mes forces, et j'eus le bonheur d'être entendu. Mes gens survinrent et je me tirai de là au moyen de lianes qu'ils arrachèrent dans le bois et qu'ils me jetèrent. »

Un éléphant, poursuivi par les gens de Livingstone, tomba dans une de ces fosses. Il y reçut les javelots de soixante-dix hommes qui le poursuivaient. Cependant il parvint à sortir du piége ; on eût dit un immense porc-épic ; les chasseurs n'ayant plus de javelines, vinrent prier Livingstone d'achever l'animal ; il lui lança deux balles de deux onces sans parvenir à le tuer.

Il y a une autre manière propre à ce pays. « Les indigènes ont-ils découvert un lieu de pâture ou de promenade où l'éléphant doit bientôt passer, soit en troupe, soit isolément, ils se munissent d'un gros bloc d'un bois très-lourd, que les Bakalais appellent *hamon*, et ils le hissent au haut d'un grand arbre; ce bloc est aiguisé en pointe, et armé de fer; la pointe est dirigée en bas; la liane qui le suspend est disposée de façon que si l'éléphant vient à la toucher, ce qu'il ne peut se dispenser de faire au moment où il passe sous le hamon, le poids relâché s'enfonce dans sa chair, et la pesanteur du bloc lui brise les reins. »

Le mode adopté par les Batongas et les Banyaïs, riverains du Zambèze, tient de près au précédent. « Ils dressent un échafaudage sur des arbres élevés dont les branches se déploient au-dessus des chemins que parcourent les éléphants, et s'arment d'une lance dont le fer a 0^m,50 de long sur 0^m,05 de large; la hampe a 1^m,50 de longueur. Quand l'animal vient à passer au-dessous d'eux, ils lui jettent cette lance entre les côtes; la force du coup, les mouvements imprimés à la hampe par les arbres auxquels se heurte l'éléphant dans sa fuite, occasionnent d'affreuses blessures, qui ne tardent pas à causer la mort de l'animal. Ils se servent également d'une lance insérée dans une poutre qu'ils suspendent à une branche au moyen d'une corde fixée à une espèce de trébuchet placé sur la voie de l'éléphant; le pied de l'animal, en touchant le piége, fait tomber la poutre,

dont le fer empoisonné cause une blessure qui est toujours mortelle. »

X

L'attaque au javelot en rase campagne est plus digne du vrai chasseur. C'est Livingstone qui va la décrire ; il y assistait du haut d'un coteau à l'aide d'une
longue-vue. Une femelle et son petit formaient le point
de mire des chasseurs. Elle était debout et s'éventait
avec ses grandes oreilles tandis que l'éléphanteau se
jouait joyeusement autour d'elle. Ni l'un ni l'autre
ne se doutaient de l'approche des chasseurs marchant
en silence sur une longue file. Au moment où ils s'approchaient, le petit, cessant ses ébats, s'était mis à
teter. Il pouvait avoir deux ans. Ensuite la mère et
l'enfant entrèrent ensemble dans une fosse remplie de
vase, où ils se barbouillèrent de fange ; le nourrisson
folâtrait gaiement, il agitait ses oreilles et balançait
sa trompe à la mode éléphantine ; sa mère, de son
côté, remuait la queue et les oreilles pour exprimer sa
joie. Tout à coup retentirent les sifflements de ses ennemis, dont les uns soufflaient dans un tube, les autres
dans les mains jointes, et qui s'écrièrent pour réveiller
l'attention de l'animal :

« O chef, nous sommes venus pour vous tuer ;
« O chef, ainsi que bien d'autres, vous allez mourir ;
« Les dieux l'ont dit, etc., etc. »

Les éléphants relevèrent les oreilles, écoutèrent ce

bruit étrange et sortirent de la fosse au moment où leurs assaillants se précipitaient vers eux. Le jeune s'enfuit, mais apercevant les chasseurs, il revint auprès de sa mère, qui se plaça entre lui et les agresseurs, et lui passa mainte et mainte fois sa trompe sur le dos afin de le rassurer. Tout en s'éloignant, la pauvre bête s'arrêtait pour regarder ses ennemis, puis elle se retournait vers son éléphanteau, le rejoignait bien vite, ou marchait de côté en hésitant, comme partagée entre le besoin de protéger son fils et le désir de châtier ses persécuteurs. Ceux-ci étaient environ à cent pas derrière elle, jusqu'au moment où elle fut obligée de traverser un ruisseau. Le temps qu'elle mit à le franchir et à remonter sur l'autre bord permit aux chasseurs de gagner du terrain ; lorsqu'ils ne furent plus qu'à une vingtaine de pas, ils lui lancèrent leurs javelines. Toute rouge du sang qui coulait de ses blessures, la mère prit la fuite sans paraître songer à son enfant. « J'avais, dit Livingstone, dépêché Sékouébou aux chasseurs pour leur porter l'ordre de ne pas attaquer l'éléphanteau. Le pauvre petit s'éloignait aussi vite que possible; toutefois, les éléphants, jeunes ou vieux, ne prennent jamais le galop, une marche très-rapide est leur plus vive allure; et Sékouébou n'était pas arrivé que le petit éléphant s'était réfugié dans l'eau, où mes hommes l'avaient tué. Le pas de la mère se ralentit par degré ; puis, se retournant en poussant un cri de rage, elle se précipita sur les chasseurs, qui se dispersèrent en se jetant à droite et à gauche; elle suivit une ligne droite, et passa au milieu de la bande éparpillée, ne

s'approchant que d'un homme qui avait un morceau
d'étoffe sur les épaules (les habits de couleur voyante
sont toujours dangereux en pareil cas). Elle recommença trois fois cette charge, et ne parcourut pas
plus de cent mètres dans les deux dernières; ayant traversé un ruisseau, elle s'arrêta plusieurs fois pour
regarder les chasseurs, malgré les nouvelles javelines
qui lui étaient envoyées; enfin, ayant perdu considérablement de sang, elle chargea une dernière fois,
tourna sur elle-même en chancelant, et mourut age-
nouillée.

Dans les forêts remplies de plantes grimpantes et
vivaces qui s'élancent d'arbre en arbre, et montent
jusqu'à leur sommet, on rassemble ces lianes, on les
entrelace, de manière à former des espèces de treillis,
trop faibles sans doute pour arrêter l'éléphant, mais
assez forts pour l'embarrasser dans sa fuite; plusieurs
de ces barrières sont d'ailleurs échelonnées de distance
en distance afin que l'animal qui a rompu les premières soit encore retardé par les autres.

Cela fait, il s'agit de diriger le gibier sur ces obstacles. Un voyageur a assisté à une chasse de ce genre;
ce fut une bataille en règle; cinq cents hommes y prirent part.

« On sonna d'une espèce de trompe de chasse, et la
poursuite commença; plusieurs des nôtres étaient postés à différents points d'une barrière ou enchevêtre-
ment, qui couvrait une très-grande étendue; les autres se glissaient en silence à travers les bois, en
guettant leur proie.

« Dès que les chasseurs aperçoivent un éléphant, ils s'en approchent avec précaution. Leur but est de l'effaroucher et de le rejeter sur quelque partie de la barrière le plus rapprochée possible. Pour en venir là, ils rampent sur le ventre, à la manière des serpents, avec une agilité surprenante.

« Le premier mouvement de l'animal est de fuir ; il se précipite droit devant lui, presque en aveugle, et va se jeter sur la barrière de lianes ; irrité, et plus épouvanté encore, il déchire ces obtacles avec sa trompe et ses pieds et frappe partout ; mais naturellement plus il se débat, plus il s'embarrasse.

« Cependant, dès que l'éléphant a pris sa course, la troupe s'est formée en rond autour de lui, et pendant qu'il se démène et épuise ses forces, on fait de tous les côtés, même du haut des arbres, pleuvoir sur lui des javelines, tant qu'enfin la malheureuse bête, criblée de blessures, offre l'image d'un énorme porc-épic. On ne cesse de la harceler de dards, jusqu'à ce qu'elle tombe morte. »

On tua quatre éléphants ; mais un homme, chargé avec furie, fut atteint et foulé aux pieds. En pareil cas, le chasseur n'a d'autres moyens de salut que de s'accrocher à un arbre solide, s'il s'en trouve un sur son chemin, et de s'élever le plus haut possible. Quelquefois aussi les chasseurs s'empêtrent dans les filets destinés aux éléphants, et ce sont des chasseurs morts.

XI

La chasse au fusil, malgré la supériorité de l'arme, est elle-même pleine de périls. On en jugera par la situation dans laquelle Le Vaillant se trouva lors de sa première chasse à l'éléphant.

L'animal avait reçu quinze coups de feu; sa rage était au comble. Il avait conduit les chasseurs dans de hautes broussailles parsemées de troncs d'arbres morts et renversés. L'éléphant, à vingt-cinq pas de notre voyageur, le charge; celui-ci se sauve. La bête gagnait à chaque instant sur l'homme. « Plus mort que vif, il ne me reste que le parti de me coucher et de me blottir contre un gros tronc d'arbre renversé; j'y étais à peine que l'animal y arrive, franchit l'obstacle, et, tout effrayé lui-même du bruit de mes gens qu'il entendait devant lui, il s'arrête pour écouter. De la place où je m'étais caché, j'aurais bien pu le tirer; mon fusil heureusement se trouvait chargé; mais la bête avait reçu inutilement tant d'atteintes, elle se présentait à moi si défavorablement que, désespérant de l'abattre d'un seul coup, je restai immobile, en attendant mon sort. Je l'observai cependant, résolu de lui vendre chèrement ma vie, si je la voyais revenir à moi. Mes gens, inquiets de leur maître, m'appelaient de tous côtés. Je me gardais bien de répondre. Convaincus, par mon silence, qu'ils avaient perdu leur chef, ils redoublent leurs cris, et reviennent en désespérés. L'éléphant, effrayé, rebrousse aussitôt, et saute une seconde fois le tronc d'arbre, à six pas au-dessous de moi, sans m'avoir aperçu ; c'est alors que, me remettant en pied, à mon tour échauffé d'impatience, et voulant donner à mes Hottentots quelque signe de vie, je lui envoie mon coup de fusil dans la culotte. Il disparut entièrement à mes regards, laissant partout sur son passage des traces certaines du cruel état où nous l'avions mis. »

Poursuivi par un éléphant sur les bords de la Zonga, M. Oswell tombe de cheval au milieu d'un hallier ; il tombe le visage tourné vers l'éléphant qui s'approchait, et peut voir l'énorme pied de la bête près de se poser sur ses jambes. Il les écarte, retenant son haleine, et s'attend à être écrasé par les pieds de derrière. L'animal passa sans le voir, sans le toucher.

Deux colons, ayant aperçu un éléphant, résolurent de le poursuivre. Loin d'être habiles à cette chasse, c'était la première fois qu'ils voyaient un animal de cette espèce. Les chevaux étaient aussi peu expérimentés que les maîtres, néanmoins ils ne tergiversèrent point. Ils s'approchèrent jusqu'à une soixantaine de pas de l'éléphant, sans que celui-ci parût prendre garde à eux. Alors seulement, mais sans se presser, il s'éloigna, doublant la distance. Un des fermiers descendit de cheval, puis, fléchissant un genou et fixant en terre l'appui de son mousquet, il fit feu.

A peine eut-il le temps de se remettre en selle et de retourner son cheval ; le colosse était sur ses traces, poussant un cri aigu, dont le chasseur se sentit percé jusque dans la moelle des os. Heureusement il eut la présence d'esprit de se diriger vers un terrain en pente, dont la montée ralentit la course de l'éléphant. L'autre chasseur saisit le moment, descend à son tour de cheval, tire, remonte sur sa bête, et pique des deux, ayant maintenant derrière lui le terrible gibier; la tactique qui avait réussi à son camarade le sauva. L'éléphant ne tomba qu'à la huitième balle.

Un autre colon, Claas Volk, étant caché derrière une touffe d'arbuste épineux, se flattait de surprendre un éléphant. L'animal l'éventa, le poursuivit, l'abattit avec sa trompe, le foula aux pieds.

Une bande de chasseurs avait surpris deux éléphants, l'un mâle et l'autre femelle, dans une plaine ouverte; près de là se trouvaient des buissons épais et épineux. Les animaux se mirent à fuir vers le hallier, et le mâle fut bientôt à l'abri; mais la femelle ayant été blessée, ne pouvait fuir avec la même rapidité. Les chasseurs, lui coupant la retraite, se préparaient à la tuer, lorsque tout à coup le mâle, s'élançant avec furie de sa retraite, et poussant des cris effrayants, se jeta sur eux. Son aspect en ce moment était si terrible que tous les chasseurs, sautant sur leurs chevaux, se mirent à fuir pour sauver leur vie; tous, excepté Cobus Klopper, celui qui avait blessé la femelle et qui, debout, la bride de son cheval passée dans son bras, rechargeait son arme, au moment où l'animal furieux sortit du bois. L'éléphant se dirigea vers lui; ses crocs d'ivoire s'enfoncèrent dans le corps du malheureux; il le foula ensuite aux pieds, puis, l'enlevant de terre

avec sa trompe, il le lança à une grande hauteur. Ayant
assouvi sa vengeance, il retourna vers sa femelle, la
caressa avec affection, de sa trompe l'aida à se soulever, soutint de son épaule son côté blessé, et, sans
faire attention aux coups de feu que tous les chasseurs
lui tiraient de loin, il disparut bientôt avec elle dans
les retraites impénétrables de la forêt.

Karrol Krieger était un infatigable et hardi chasseur. Il tirait avec beaucoup d'adresse et souvent s'était
trouvé dans des situations fort dangereuses. Une fois
il poursuivait, avec ses compagnons, un éléphant
blessé ; tout à coup l'animal se retourna, le saisit de
sa trompe, le lança en l'air et le foula aux pieds. Les
autres, frappés d'horreur, avaient fui, sans oser regarder le théâtre de cette affreuse tragédie.

Ils vinrent le jour suivant rendre les derniers de-
voirs à leur compagnon. L'éléphant avait mis le corps
en pièces et traîné les lambeaux dans la poussière :
ils ne purent donner la sépulture qu'à quelques restes
épars.

XII

Cooper Rose, dans ses voyages, rencontra un jour
un chasseur étranger ; c'était un petit homme maigre et vif, dont la figure brûlée du soleil et le regard perçant, dénotaient la profession hasardeuse ; ses
manières étaient franches et hardies. Son œil étince-
lait sous son chapeau de paysan. Sa boite à poudre
pendait à un large baudrier de cuir noir qui suppor-

tait aussi sa bourse; il montait un petit cheval très-
ardent; neuf chiens de différentes espèces le suivaient.

La contrée qu'ils traversaient était entièrement
sauvage ; les éléphants seuls avaient tracé les sentiers.
Les hommes y venaient pour la première fois, et c'é-
tait pour détruire:

Ils suivaient en silence la voie des éléphants sur les
montagnes et dans les ravins. Cooper Rose, peu ha-
bitué à marcher ainsi, commença à se trouver fatigué.
« Nous serons bientôt près des éléphants, dit le chasseur étranger, et alors nous-pourrons nous asseoir
et les surveiller. » Ils marchèrent encore ainsi une
partie de la journée. On commençait à désespérer,
quand le guide, regardant vers une colline assez éloignée, annonça qu'une troupe d'éléphants y était en
train de paître. La compagnie reprit courage, et, avec
une nouvelle vigueur, se remit en marche. Un étroit
sentier les conduisit très-près de l'endroit où les animaux paissaient. Le guide s'arrêta, le chasseur donna
à ses compagnons des torches allumées et leur assigna
les endroits où il faudrait enflammer les broussailles
et le gazon, pour assurer la retraite, si par hasard les
éléphants voulaient combattre. Ils broutaient en pleine
sécurité, se frappant leurs joues avec leurs larges
oreilles et jouissant de leur pâture avec une molle
indolence. A ce moment, les coups de feu retentirent
et un éléphant tomba. La troupe avait pris la fuite.
Ils couraient avec la rapidité dont ils sont capables,
renversant tout ce qui leur faisait obstacle, brisant les

Troupe d'éléphants en marche.

gros arbres comme de jeunes arbrisseaux. Le lendemain on en découvrit neuf ou dix. Les buissons ne
permettaient pas de les distinguer nettement, mais on
les entendait brouter. Les fusils partirent, et un bruit
effrayant annonça la fuite des animaux dont trois
étaient tombés, blessés mortellement. Ils étaient petits ; le plus gros n'avait guère que trois pieds de
hauteur.

Rose fit l'observation que d'après la fréquence des
traces que l'on rencontrait, le pays devait abonder en
éléphants : le chasseur lui dit qu'il ne se trompait pas ;
que, trois ans auparavant, il en avait rencontré plus
de trois mille sur les bords de la rivière, mais que,
depuis ce temps, on en avait détruit une énorme
quantité.

Notre voyageur, qui se complaisait dans cette vie
d'aventures, fut étonné d'entendre le chasseur exprimer combien il désirait quitter cette existence errante,
et s'établir tranquillement dans sa ferme.

« — J'aurais cru, lui dit Rose, qu'une vie paisible
vous paraîtrait bien monotone, après de telles émotions
journalières. — Non, en vérité, répondit le chasseur ;
j'ai une femme et de jeunes enfants, et j'ai été con-
traint à ce que je fais par la nécessité et par les dettes
qu'il fallait acquitter. Bientôt toutes ces difficultés
seront surmontées ; dans l'espace de vingt mois, j'ai
tué huit cents éléphants. Quatre cents ont été abattus
par ce bon fusil que je porte encore, mais ce sera avec
grand plaisir que je cesserai de m'en servir. Comment
pourrais-je compter le nombre de fois où les éléphants,

me cherchant pour se venger, se sont trouvés à un pas de l'endroit où j'étais tapi? Un jour, je venais de tirer dans un groupe nombreux; le son fut répété par l'écho, et trompa les éléphants qui, fuyant en sens inverse, passèrent dans le buisson où mes Hottentots et moi étions couchés. Le chasseur le plus intrépide succombe à la fin. Il n'y a pas longtemps que, poursuivi par un rhinocéros, j'ai été obligé de sauter dans un précipice dont j'ignorais la profondeur. Non, monsieur, cette vie de dangers n'est pas désirable. Croiriez-vous que j'ai été obligé, n'ayant aucune nourriture, de manger un jour mes souliers de cuir? »

L'AUTRUCHE.

—

I

Un corps volumineux, massif, monté sur des jambes hautes d'un mètre et plus, et portant un cou aussi long que les jambes ; une toute petite tête ; de très-gros pieds ; de grandes plumes flottantes, une queue en forme de panache : tels sont, dans la physionomie de l'autruche, les traits qu'embrasse même de loin le regard le moins attentif.

S'approche-t-on, on voit que la tête est chauve et plate, l'œil grand et vif, le bec court, mousse et déprimé, le cou mince, revêtu d'un duvet gris ; que les plumes qui couvrent le corps sont larges et molles, à demi frisées, lustrées, d'une couleur et d'un éclat magnifique chez le mâle ; que les ailes, composées elles-mêmes de plumes à tiges flexibles, sont hors de toute proportion avec les dimensions de l'animal ;

qu'elles ne peuvent évidemment servir au vol, et qu'elles ne sont là, en quelque sorte, que pour mémoire. Si on examine une de ces plumes, on reconnaît, en effet, que leurs barbules ne s'accrochent pas ensemble, comme chez presque tous les autres oiseaux.

L'autruche se met-elle en marche, nous sommes aussitôt frappés de la souplesse de ce grand corps; son long cou se balance avec grâce, son tronc prend une sorte de mouvement de tangage, ses tronçons d'ailes s'ouvrent comme pour recevoir le vent, et l'aisance de sa démarche, l'élasticité de son pas, l'étendue et la vitesse de ses enjambées nous ont bientôt appris que cet oiseau est aussi généreusement doué comme animal terrestre qu'il est déshérité comme animal aérien. Personne n'ignore, d'ailleurs, que l'autruche est un des marcheurs les plus rapides qui existent, le plus rapide peut-être, car si, lorsqu'on le chasse, il savait diriger sa fuite en ligne droite, le meilleur cheval serait incapable de le forcer.

II

On comprend qu'un animal aussi singulier ait donné lieu à bien des fables. « Il n'y a guère de sujet d'histoire naturelle qui ait fait dire autant d'absurdités, » écrivent Buffon et son collaborateur Gueneau, de Montbéliard. Les Arabes croyaient l'autruche issue d'un chameau et d'un oiseau. Suidas lui donnait un cou et des pieds d'âne. G. Warren en fait un oiseau aquatique. D'autres assurent qu'elle ne boit jamais. Léon l'Africain lui refuse le sens de l'ouïe. On a dit qu'elle se nourrissait principalement de bois, de pierres et de fer. Aldrovande la représente savourant un fer à cheval. On a été jusqu'à prétendre qu'elle avalait des charbons ardents. Marmol, dans sa *Description de l'Afrique*, dit qu'elle digère le fer rouge. « Je ne nierais pas même qu'ils n'avalassent quelquefois du fer rouge, écrit Buffon, pourvu que ce fût en petite quantité, et je ne pense pas avec cela que ce fût impunément. » On en a fait la plus mauvaise des mères : *Struthio dura est in pullos suos quasi non sint sui.* On lui a refusé toute intelligence, au point de ne savoir pas même chercher son salut dans la fuite : « Et, dit Belon, si d'aventure elle trouve un buisson, l'on dit qu'il est si sot oiseau, que se cachant seulement la tête, pense que tout le reste du corps en est sauvé. » Belon avait pris cela dans Pline; Kolbe le répète dans sa *Description du cap de Bonne-Espérance*. Une pierre extraite de son estomac procurait de bonnes digestions à celui qui la portait suspendue à son cou. Mais assez de fictions; voyons les faits.

III

L'autruche a le sens de la vue très-développé; elle voit, dit-on, à deux lieues. Elle entend également fort bien; aussi ne l'approche-t-on jamais que par surprise.

Il en est tout autrement du goût, et le défaut de finesse de ce sens, joint à la voracité et à l'instinct commun parmi les oiseaux, qui la porte à introduire des corps durs dans son estomac pour augmenter la force de trituration de cet organe, fait qu'en captivité du moins elle avale sans discernement tous les objets, qu'elle qu'en soit la nature, qu'on lui présente ou qui se trouvent à portée de son bec. Le bois, les os, la pierre, les métaux, le verre, le papier, des pièces de monnaie, des clous, tout lui est bon. A peine saisi, l'objet est lancé dans la gorge par un brusque mouvement en arrière.

M. Henri Aucapitaine rapporte que le bureau des affaires publiques, à Cherchell, possédait une autruche parquée dans une cour intérieure : « Chaque soir, dit-il, nous nous amusions à lui faire manger les vieux papiers, les enveloppes, les fragments de journaux, qu'elle engloutissait avec un appétit tout à fait réjouissant. »

Le voyageur Richardson a vu, dans une ville d'Afrique, où elle errait en liberté, une autruche qui, selon ses expressions, «ramassait toutes choses comme un chiffonnier. »

MM. Verreaux racontent qu'au Cap, une des autruches qu'ils possédaient avala, coup sur coup, un gros morceau de savon et un bougeoir en cuivre, qui fut rejeté quelque temps après tout aplati.

On montrait des autruches à Saint-Quentin : un monsieur, sur la poitrine duquel resplendissait une belle chaîne d'or, s'étant approché jusqu'à la portée du bec d'un de ces oiseaux, vit en un clin d'œil sa chaîne et sa montre passer du cou et du gousset de leur propriétaire dans l'estomac du glouton animal.

Une autruche conservée à la ménagerie du Muséum d'histoire naturelle avait dans le corps, quand elle mourut, près d'une livre de pierres, de morceaux de fer ou de cuivre et de pièces de monnaie à demi usées. Vallisnieri disséqua un de ces animaux ; voici l'inventaire des objets qu'il y trouva : des cordes, des pierres, du verre, du cuivre, du fer, de l'étain, et par-dessus le tout, un morceau de plomb, le dernier avalé, qui ne pesait pas moins d'une livre. Un individu ouvert par Perrault avait avalé soixante-dix doubles (monnaie de cuivre) réduits à peu près aux trois quarts par leur séjour dans l'organe robuste qui les contenait. Perrault attribuait leur usure à une action mécanique. Vallisnieri, au contraire, sans exclure l'action du frottement, voyait là un effet particulièrement chimique. C'est cette opinion qui est la vraie. Cuvier la confirme en ces termes : « Les morceaux de fer qu'on a trouvés dans son estomac, — il s'agit d'une autruche qui avait vécu à la ménagerie, — n'étaient pas seulement usés, comme ils auraient pu l'être par la trituration avec d'autres corps durs, mais ils avaient été évidemment rongés par quelque suc, ce que l'on voyait surtout par l'inégalité des gerçures qui avaient été produites... ; les fragments de clous... présentaient tous les marques d'une vraie corrosion. »

Le plus souvent ces écarts de régime n'ont point d'inconvénient grave ; une autruche avait un clou im planté dans les parois du gésier; chez une autre, deux clous étaient logés dans l'épaisseur du mésentère, où ils n'avaient pu arriver qu'en perforant l'estomac, et ils avaient provoqué une concrétion verdâtre très-dure qui les encroûtait entièrement; ni l'un ni l'autre de ces animaux ne s'en portait plus mal. Mais il est arrivé souvent, à ceux du moins qu'on a tenus en captivité, d'être victimes de leur avidité. On cite une autruche qui mourut parce qu'elle avait avalé une grande quantité de chaux vive. La ménagerie de Paris possédait depuis une douzaine d'années un couple magnifique; on s'attendait à le voir se reproduire, quand, une pierre étant tombée sur le toit vitré qui les abritait, le mâle et la femelle s'empressèrent d'avaler le verre cassé, qui leur déchira les entrailles. Dans le même établissement, une autruche a succombé en trente-quatre jours à la suite d'une ingestion de cinq cents grammes de clous. M. le docteur Berg, chirurgien de la marine au Sénégal, en cite une « qu'une énorme clef de magasin a tuée de la même manière. »

IV

L'herbe est, à l'état sauvage comme en captivité, leur nourriture favorite; mais à la végétation aromatique et salée du désert, elles associent constamment les mollusques, les insectes et les reptiles. Un rapport, adressé de Laghouat à la Société zoologique d'acclimatation, dit qu'elles mangent les rats, les gerboises, les

serpents, les lézards et les limaces ; il ajoute qu'elles
sont très-avides de sauterelles. Au Cap, il arrive à celles
que les fermiers élèvent d'avaler de petits poulets.
M. Aucapitaine rapporte que les mollusques formaient
le mets de prédilection de l'autruche dont il a été
question plus haut. L'habile chef de la Pépinière centrale du gouvernement, à Hamma, près d'Alger,
M. Hardy, paraît croire que l'autruche n'avale pas les
matières animales au même titre que les matières les
moins assimilables, et, d'après lui, elle serait exclusivement herbivore. Il en juge par une expérience à la
vérité pleine d'intérêt et dont nous parlerons tout à
l'heure, mais enfin il n'en juge que par des cas particuliers, observés en captivité, et il est évident qu'il se
trompe.

L'autruche, disent les Arabes, tue la vipère d'un
coup de bec et la mange. Elle mange également le
serpent, les insectes, les sauterelles, les scorpions, les
lézards, des fruits très-gros appelés hadj, abondants
au désert, et provenant d'une plante rampante, amère
comme la térébenthine, avec des feuilles semblables à
celles de la pastèque,

Dès qu'ils sont sortis de l'œuf, les autruchons font
la chasse aux insectes et aux petits reptiles, et il paraît qu'ils s'en nourrissent exclusivement. On s'accorde
à dire que les autruches supportent de longs jeûnes :
cela doit être, le désert ne peut avoir pour habitants
que des êtres endurcis à toutes les privations, mais
on ne s'accorde pas sur les limites du temps pendant lequel elles peuvent rester sans manger ; il

paraît probable que ces limites varient selon les temps et les lieux (il ne faut pas oublier que l'autruche est no made), et aussi selon que l'animal est libre, privé ou captif.

Si l'on compulse les rapports envoyés à la Société zoologique de divers points de l'Afrique et résumés avec talent par M. le docteur Gosse, de Genève, on est d'abord très-frappé de voir ces rapports différer entre eux, et souvent de la manière la plus notable sur presque tous les points. Qu'il s'agisse du régime de l'autruche, de son caractère, de ses mœurs conjugales, de la construction du nid, de son emplacement, de l'époque de la ponte, du nombre des œufs, de leur arrangement, de la durée et des circonstances de l'incubation, de la proportion numérique des sexes, de la manière dont l'autruche est affectée par les changements de temps, de la durée de sa vie; ces rapports sont en contradiction les uns avec les autres. Mais le plus souvent la contradiction n'est qu'apparente, et pour peu qu'on y réfléchisse, on se convainc qu'à part quelques faits mal observés et quelques cas individuels mal à propos généralisés, les nombreuses divergences des rapports attestent simplement les changements que, pour se plier aux variations des temps et des lieux, l'autruche, dans ses pérégrinations, est contrainte d'apporter à ses habitudes; de sorte que, loin de se contredire, ces rapports se complètent. C'est que les habitudes d'une espèce errante n'ont point, dans tous les détails, un caractère de fixité absolue. Une foule de cas particuliers s'écartent de la règle; l'écart étant d'ailleurs renfermé dans certaines limites, au moins pour de longues périodes de temps. En un mot, en cette matière, nos formules n'ont que la valeur de moyennes.

Les autruches supportent parfaitement la soif, et c'est encore ce que leurs habitudes eussent permis de prévoir. Mais rien n'est plus faux que de dire qu'elles ne boivent pas.

Les Arabes disent qu'elles boivent à peu près tous les cinq jours quand il y a de l'eau. MM. Verreaux les ont vues s'abreuver dans la rivière des Éléphants. M. le général Daumas rapporte même qu'il leur arrive de faire plusieurs journées de marche à la recherche de l'eau. On dit que celles qui ont été privées d'eau pendant longtemps montrent une joie extraordinaire à l'approche de l'orage ; on les voit alors courir en tous sens les ailes étendues, tourner sur elles-mêmes, et enfin s'élancer du côté des éclairs. Elles se baignent, ayant soin de choisir des eaux assez peu profondes pour qu'en s'y couchant elles puissent avoir la tête hors du liquide ; mais elles ne nagent pas. Un voyageur anglais dans l'Afrique australe, M. Gordon Cumming, dit qu'elles aiment le sel à la folie. L'orge est la nourriture que semblent préférer celles que les Arabes n'envoient pas au pâturage.

V

La force musculaire de l'autruche est extraordinaire. « Dans le désert, dit M. Daumas, elle n'a d'autre ennemi à craindre que l'homme. Elle résiste au chien, au chacal, à l'hyène, à l'aigle; l'homme seul en triomphe. » Livingstone raconte qu'il lui arrive, étant poursuivie par des chiens, de briser d'un coup de pied l'échine de celui qui la serre de trop près. M. Édouard Verreaux a vu un nègre mourir d'un coup de pied d'autruche reçu dans la poitrine. Un chasseur arabe, dont il sera question tout à l'heure, faillit avoir un sort semblable.

Ce qui donne le mieux la mesure de sa force, c'est son emploi comme monteur; il remonte à l'antiquité. Les autruches montées figuraient dans les spectacles du cirque romain.

Un certain tyran d'Égypte, nommé Firmin, les employait à son usage. Les indigènes de l'Afrique font souvent de même. « On voit au Cap, dit Sparrman, dans la ménagerie du gouvernement, plusieurs autruches apprivoisées. Elles se laissent aisément monter par tous ceux qui veulent en faire l'essai. »

On lit dans l'histoire des voyages qu'un voyageur anglais, Moore, rencontra dans le Sahara un Arabe qui, monté sur une autruche, traversait le désert. Il menait l'oiseau à Fatatenda, d'où Connor, chef du comptoir, l'envoya au gouverneur de Jamesfort sur la Gambie.

Les exemples abondent. Nous nous arrêterons seulement à celui que cite Adanson, dont le témoignage ne peut être suspect.

« Le même jour deux autruches, qu'on élevait depuis près de deux ans dans ce comptoir (à Podor), me donnèrent un spectacle qui est trop rare pour ne pas mériter d'être rapporté. Ces oiseaux gigantesques, que je n'avais aperçus qu'en passant dans les campagnes brûlées et sablonneuses de la gauche du Niger, je les vis là tout à mon aise. Quoique jeunes encore, ces autruches égalaient à peu près la taille des plus grosses. Elles étaient si privées, que deux petits noirs montèrent ensemble la plus grande des deux ; celle-ci n'eut pas plutôt senti ce poids, qu'elle se mit à courir de toutes ses forces et leur fit faire plusieurs fois le tour du village, sans qu'il fût possible de l'arrêter autrement qu'en lui barrant le passage. Cet exercice me plut tant que je voulus le faire répéter ; et, pour essayer leurs forces, je fis monter un nègre de taille sur la plus petite et deux autres sur la plus grosse. Cette charge ne parut pas disproportionnée à leur vigueur : d'abord elles trottèrent à un petit galop des plus serrés ; ensuite lorsqu'on les eut excitées, elles étendirent leurs ailes, comme pour prendre le vent, et s'abandonnèrent à une telle vitesse qu'elles semblaient perdre terre. Il n'est sans doute personne qui n'ait vu courir une perdrix et qui ne sache qu'il n'est pas d'homme capable de la suivre à la course, et on pense bien que si elle avait le pas plus grand, sa vitesse serait considérablement augmentée. L'autruche marche comme les perdrix, et je suis persuadé que celles-ci eussent laissé bien loin derrière elles les plus fiers chevaux anglais qu'on eût mis à leurs trousses. Il est vrai qu'elles ne fourniraient pas une course aussi longue qu'eux ; mais, à coup sûr, elles pourraient l'exécuter plus promptement. J'ai été plusieurs fois témoin de ce spectacle, qui doit donner une idée de la force prodigieuse de l'autruche, et faire connaître de quel usage elle pourrait être, si on trouvait le moyen de la maîtriser et de l'instruire comme on dresse un cheval. »

La plus grande de ces autruches aurait donc porté 120 kilogrammes au moins, sans que sa course en fût gênée.

M. Édouard Verreaux raconte au contraire qu'ayant monté une forte autruche captive sous un hangar, cet oiseau avait eu de la peine à le porter. Mais cette expérience n'infirme nullement les témoignages contraires. M. Gosse fait observer avec raison que cette faculté qu'a l'autruche de porter des poids aussi disproportionnés avec le volume de son corps, tient sans doute à un phénomène physiologique qui lui est commun avec les oiseaux qui s'élèvent dans l'air, savoir : que non-seulement la plupart de ses os sont vides et en communication directe avec les poumons, mais que l'oiseau peut aussi, à volonté, remplir d'air chaud plusieurs réservoirs membraneux qui se trouvent placés auprès des ailes, sous le ventre et autour des cuisses, véritables aérostats qui allégent le poids supporté par les jambes. Quand elle n'est pas à la course ou qu'elle n'est pas excitée, ces sacs ne se gonflent pas, et par conséquent l'autruche ne peut pas supporter un poids aussi considérable.

VI

La vitesse de l'autruche ne le cède point à sa force. Cuvier dit qu'elle surpasse celle de tous les animaux connus. « Elle est telle, ajoute-t-il, que ceux qui montent l'autruche sans en avoir pris l'habitude, sont bientôt suffoqués, faute de pouvoir reprendre leur haleine. » C'est ce qui faillit arriver à un habitant de Paris, M. Notré, qui, se trouvant à Marseille en 1819, et pesant alors 60 kilogrammes, monta une autruche mâle d'Égypte de grande taille : « Elle lui fit faire une course si étourdissante qu'il s'en souvient encore aujourd'hui avec effroi ; heureusement il avait embrassé étroitement le cou de l'animal, qui finit par s'arrêter dans des broussailles. » Adanson dit, on l'a vu, que les deux autruches dont on vient de parler, quoique n'ayant pas pris toute la force que donnent l'âge et la liberté, et bien que chargées d'un poids considérable « eussent laissé bien loin derrière elles les plus fiers chevaux anglais qu'on eût mis à leurs trousses. »

« Je les vis dans leur état sauvage, dit Sparrman, quelquefois à deux portées de fusil de moi. Je me mis en tête de les poursuivre, mais toujours sans succès. » Xénophon raconte que les cavaliers de Cyrus ne furent pas plus heureux. Livingstone dit qu'on ne distingue pas plus les jambes d'une autruche qui court à toute vitesse qu'on ne voit les rayons d'une roue de voiture entraînée par un galop rapide, et il estime que l'oiseau peut faire 45 kilomètres à l'heure.

VII

L'autruche brille moins par l'intelligence, mais elle ne mérite en aucune façon la réputation de stupidité que les auteurs lui ont faite à l'envi les uns des autres. C'est un oiseau doux, gai, pacifique, vigilant, éminemment sociable et auquel ne manque, quoi qu'on en ait dit, aucun des instincts de la famille. M. Cumming surprit un jour une troupe de douze autruches qui n'étaient pas plus grosses que des pintades : « La mère, dit-il, chercha à nous tromper à l'instar du canard sauvage ; elle partit, étendant ses ailes, puis se laissa tomber à terre comme si elle eût été blessée, tandis que le mâle s'éloignait sournoisement avec les petits dans une direction opposée. »

Livingstone a rencontré plusieurs fois de jeunes couvées allant sous la conduite d'un mâle « qui s'efforçait de paraître boiteux, afin de détourner sur lui l'attention des chasseurs. »

On lit dans *les Chevaux du Sahara*, que lorsque les chasseurs s'emparent des petits, sous les yeux du mâle, « celui-ci, alors agité à l'excès, manifeste la plus vive douleur ; mais il ne se borne pas toujours à gémir ; il a du courage. »

Voici un trait qui le prouve ; il est raconté dans un rapport adressé de Géryville à la Société zoologique :

L'autruche tourna alors ses coups contre Si-Mohammed.

« Si-Djelloul-Ben-Hamza et son frère Si-Mohammed-Ben-Hamza, chassant un jour l'autruche, rencontrèrent les traces de toute une famille conduite par un mâle et deux femelles. Arrivé le premier en vue des autruches, Si-Mohamed tira un coup de feu et blessa une des femelles. Le mâle se précipita alors sur lui et frappa à coups de pied le poitrail du cheval, qui, effrayé, renversa son cavalier et prit la fuite. L'autruche tourna alors ses coups contre Si-Mohammed et ne l'abandonna que privé de connaissance, et en voyant venir Si-Djelloul au secours de son frère. »

« Me promenant un matin à cheval, dit Thunberg, qui était alors au Cap, je passai auprès d'une femelle d'autruche qui couvait; elle se leva et se mit à me poursuivre pour m'empêcher de voir ses œufs ou ses petits. Dès que je poussais mon cheval de son côté, elle fuyait; mais lorsque je continuais mon chemin, elle se remettait à me poursuivre. »

La timidité excessive qu'on leur reproche n'est que le résultat de la chasse incessante qu'on leur fait. Celles qu'on tient en captivité ne sont pas timides le moins du monde. Celles qui ne connaissent point l'homme ne le sont pas. Richardson raconte qu'étant arrivé sur le plateau d'Hamala, où les autruches ne sont pas inquiétées, il eut le beau spectacle d'une troupe de onze de ces oiseaux paissant tranquillement à peu de distance comme autant de brebis et ne montrant aucune disposition à s'enfuir.

J'ai dit qu'elles sont très-sociables. On en rencontre parfois dans le désert des troupes de deux à trois cents; elles se mêlent aux girafes, aux couaggas, aux zèbres et aux antilopes. Cette sociabilité rend leur apprivoisement très-facile.

« Les petites autruches s'apprivoisent aisément, dit le général Daumas, elles-jouent avec les enfants et dorment sous la tente; dans les déménagements elles suivent les chameaux; il est sans exemple qu'une d'elles ainsi élevée ait pris la fuite; elles sont fort gaies; elles folâtrent avec les cavaliers, les chiens, etc. Passe-t-il un lièvre, tous les hommes s'élancent à la poursuite, l'autruche s'émeut, se précipite du côté où se dirige la course, prend part à la chasse. Quand elle rencontre dans le douar un enfant ayant à la main quelque chose à manger, elle le met doucement par terre et cherche à lui enlever ce qu'il porte. Mais l'autruche est très-voleuse, ou plutôt, elle veut avaler tout ce qu'elle voit; aussi les Arabes se méfient d'elle lorsqu'ils comptent de l'argent : elle aurait bientôt fait disparaître deux ou trois douros. »

Il n'est pas rare de voir à quelque distance du douar mettre un enfant fatigué sur le dos d'une autruche, qui se dirige avec son fardeau droit sur la tente, le petit cavalier se tenant aux ailerons. Dans les marchés, quand on veut l'empêcher de courir de droite et de gauche, on lui passe une corde autour des jarrets, et on la tient avec une autre corde attachée à la première.

Dans le pays de Sennaar, on l'élève dans les maisons comme ailleurs on élève de la volaille.

D'après M. le docteur Berg, beaucoup de villages noirs de la rive gauche du Sénégal, et la plupart des camps de Maures sur la rive droite, comptent parmi leurs hôtes indispensables une autruche au moins. Ces oiseaux ne sont pas destinés à être un objet de commerce, on ne les tue jamais, ils font partie de la tribu ou du village. Quelquefois ils sont nés sous la tente par des moyens artificiels. Dès qu'ils ont six mois, on ne s'en occupe plus, ils vont chercher leur nourriture dans les pâturages voisins, ayant bien soin d'ailleurs de se trouver près des tentes aux heures des repas.

Les fermiers des environs du Cap laissent également les leurs pâturer dans le voisinage, et jamais elles n'essayent de fuir.

Chez les Abiades (Sahara), des troupeaux de vingt à trente individus suivent le bétail aux pâturages et rentrent chaque soir avec lui. Un voyageur a vu, à Esné, des autruches qui appartenaient au gouverneur, se promener librement dans la ville et dans les environs, visiter les marchés et rentrer le soir au palais. Cet attachement et cette obéissance s'obtiennent en traitant l'autruche avec douceur. Il faut la caresser souvent quand elle est jeune, prendre garde de l'effrayer et ne jamais la brusquer. On cite des autruches qui, ayant été données et amenées fort loin de leur domicile, sont revenues chez leur premier maître.

« Je les trouve, dit M. Bouteille, directeur du Jardin zoologique de Grenoble, plus susceptibles d'attachement que la plupart de nos animaux domestiques... Elles se laissent toucher et caresser par les personnes qui les soignent, et elles paraissent en ressentir du plaisir. Je puis prendre nos autruchons entre mes mains et les emporter sans que les parents fassent la moindre démonstration hostile, tandis que la vue seule d'un homme ou d'un animal étranger suffit pour les mettre en fureur. Ils s'élancent alors en ouvrant les ailes et baissant la tête comme les poules qui défendent leur couvée. »

VIII·

Il y a une époque où, chez le mâle du moins, cette humeur pacifique fait place à un caractère violent; c'est l'époque des pontes. Il arrive alors, dit-on, que les mâles éprouvent des accès de rage qui en rendent l'approche difficile, et parfois même leurs maîtres auraient été dans le cas de se défendre contre eux à coups de pierre, de bâton et même de fusil. Au nord de l'équateur, la saison des pontes commence vers la fin de l'automne et dure jusqu'au printemps; son époque et sa durée dépendent du degré de fertilité de l'année; dans tous les cas, elle tient beaucoup de place dans la vie de l'autruche. Les Arabes disent même que si la nourriture est abondante, cette période agitée se prolonge pendant une grande partie de l'année. C'est alors que le mâle prend au cou et aux cuisses cette teinte rosée qui vient de l'activité acquise par la circulation; il se met à la poursuite de sa femelle, et, fermant le bec, ramassant le cou dont le haut se dilate prodigieusement, il fait entendre coup sur coup des cris rauques, gutturaux, qui ressemblent si bien au rugissement du lion, quoique plus faibles, que les Hottentots s'y trompent, et qu'un des employés de la ménagerie de Paris s'y est mépris plusieurs fois la nuit. M. Hardy confirme le fait. La femelle fuit devant le mâle. La poursuite dure quatre à cinq jours, pendant lesquels le mâle ne boit ni ne mange; la femelle ne se sépare du mâle et ne le quitte que lorsque l'éducation des petits est terminée.

IX

L'autruche est polygame; elle l'est en captivité et elle l'est en état de nature, du moins quand elle le peut; le fait de mâles réduits accidentellement à une seule femelle aura donné lieu à l'opinion que l'espèce est monogame.

Les deux sexes prennent part à la confection du nid. Les uns disent que ce nid est établi sur un terrain plat, les autres sur un terrain peu élevé; ceux-ci en des lieux découverts, ceux-là en des endroits entourés d'alfa : ces différences sont évidemment liées aux conditions locales. Le nid est creusé dans le sable à coups de bec; le sable enlevé est disposé tout autour en rebord saillant; extérieurement est pratiquée une rigole pour l'écoulement des eaux. L'aire a un peu plus d'un mètre de diamètre. La ponte est précoce, ou tardive, selon le plus ou moins d'abondance des aliments, et même selon leur qualité. Toutes les femelles de chaque ménage déposent leurs œufs dans le même nid.

Une femelle peut pondre de vingt-cinq à trente œufs ; chaque œuf pèse en moyenne un kilogramme et demi et équivaut à environ vingt-cinq œufs de poule. Outre les œufs couvés, d'autres sont placés en dehors du nid, souvent dans de petites cavités creusées exprès. Quelle est leur destination ? Ceci est une découverte de Le Vaillant, à qui nous devons les premières notions exactes que nous ayons eues sur l'autruche. Une femelle s'était levée à vingt pas de lui : « Dans le doute si ce n'était point une couveuse, je m'empressai d'arriver à l'endroit d'où elle était partie, et je trouvai effectivement onze œufs encore chauds, et quatre autres dispersés à deux ou trois pieds du nid. J'appelai mes compagnons, qui accoururent à l'instant ; je fis casser un des œufs ; nous trouvâmes un petit tout formé, de la grosseur d'un poulet, prêt à sortir de sa coquille. Je croyais tous les œufs gâtés ; mes gens pensèrent bien différemment : chacun s'empressa de tomber sur le nid ; mais Amiroo s'empara des quatre autres, voulant m'en régaler, et m'assurant que je les trouverais excellents. C'est alors seulement que j'appris de ce sauvage ce que mes Hottentots eux-mêmes ignoraient, ce qui n'est point connu des naturalistes, puisque aucun, que je sache, n'en a parlé, et ce que j'ai eu plus d'une fois dans la suite l'occasion de vérifier, savoir que l'autruche place toujours à portée de son nid un certain nombre d'œufs proportionnés à ceux qu'elle destine à l'incubation. Ces œufs n'étant point couvés se conservent frais très-longtemps, et l'instinct prévoyant de la mère les destine à la première nourriture de ceux qui vont éclore : l'expérience m'a convaincu de la vérité de cette assertion, et toutes les fois que j'ai rencontré des nids d'autruches, plusieurs œufs en étaient séparés comme à celui-ci. »

Le récit de Le Vaillant est confirmé par ce qu'un indigène, Achmet, maréchal des logis aux spahis, disait, en 1856, à M. Aucapitaine : « Au moment, disait-il, où les jeunes sont éclos, la mère va chercher un des œufs *surnuméraires*, le casse et en fait absorber la nourriture à ses petits. » Suivant d'autres indigènes, elle conduirait ses petits près des œufs nourriciers et les leur ferait percer. Le rapport envoyé de Géryville à la Société zoologique prétend, en outre, que si l'autruche vient à casser un des œufs qu'elle couve, elle le remplace par un des œufs du dehors. Livingstone dit, d'après les indigènes de l'Afrique australe, que les œufs *surnuméraires* ont pour but de subvenir aux besoins des premiers-nés, « afin de leur permettre d'attendre que les autres soient éclos et qu'ils puissent aller tous ensemble chercher pâture ailleurs ; » explication qui ne manque pas de vraisemblance, l'éclosion des petits ayant lieu successivement.

L'incubation a lieu jour et nuit, ou la nuit seulement, selon le degré de la température ambiante. Les cadavres de chacals qu'on rencontre dans le voisinage témoignent de la vigilance du mâle autant que de sa force. L'éclosion des petits se fait successivement, ainsi qu'on vient de le voir. On s'accorde assez généralement à penser que le nombre des femelles est double de celui des mâles. Leur volume, au moment de la naissance, est celui d'une petite poule. Il paraît qu'ils restent avec leurs parents jusqu'à l'âge adulte.

X

Élien raconte que l'autruche se chassait de deux manières :

« On prend l'autruche en la forçant à la course. Elle décrit dans sa fuite un cercle extérieur, tandis que les cavaliers lui ferment la route en traçant d'après elle un cercle intérieur, et c'est ainsi qu'en la harassant par la poursuite ils parviennent à l'atteindre.

« On emploie encore pour la prendre la manœuvre suivante... A-t-elle été aperçue par un homme habile et exercé à ce genre de chasse, il plante des javelines très-aiguës autour du nid ; il les fixe dans une position verticale par le moyen d'un fer pointu : l'acier brille et le chasseur retiré à l'écart se tient en embuscade dans l'attente de l'événement. Cependant l'autruche revient du pâturage transportée de tendresse pour ses petits et brûlant du désir de les rejoindre. D'abord elle examine çà et là autour d'elle et promène partout ses regards dans la crainte que quelqu'un ne l'observe. Enfin, vaincue et furieuse par l'amour maternel, elle déploie ses ailes comme une voile ; et emportée par sa course bruyante et aveugle, elle s'élance dans son nid. Mais, ô spectacle touchant ! elle rencontre les javelines et périt transpercée. Alors survient le chasseur, qui prend les petits avec la mère. »

Passons à des faits plus positifs.

A Khartoum, un vieux nègre, qui dans sa jeunesse avait été un des plus intrépides boucaniers du pays, décrivait ainsi la chasse à l'autruche, telle que la pratiquent aujourd'hui les naturels :

« L'autruche se chasse à cheval, et les cavaliers sont obligés de se faire accompagner par des chameaux chargés de provisions. Lorsqu'ils en découvrent une, ils la suivent lentement sans la perdre de vue : l'oiseau colossal ne tarde pas à les laisser bien loin derrière lui; mais, arrivé à une certaine distance, et comme pour narguer les chasseurs, il s'arrête et les attend en les regardant : lorsque ceux-ci sont sur le point de le rejoindre, il reprend sa course rapide et s'arrête encore pour les attendre de nouveau. Les cavaliers le suivent toujours à petits pas. C'est ordinairement au lever de l'aurore que les chasseurs se mettent en campagne, et tant que la chaleur ne se fait pas trop sentir, l'autruche peut sans danger faire parade de la supériorité de sa marche : néanmoins, ces courses répétées la fatiguent insensiblement, et lorsque le soleil devient plus ardent, l'animal, qui a renouvelé plusieurs fois le même manége, commence à donner des marques de lassitude, et, dans ce moment, les cavaliers, qui ont jusqu'alors ménagé leurs montures, se précipitent vers lui de toute la vitesse de leurs chevaux et ne tardent pas à l'épuiser et à l'atteindre : le premier des chasseurs qui arrive à sa portée lui assène un violent coup de bâton et la renverse. Les cavaliers sautent de cheval, et l'un d'eux fend le cou de l'autruche et met la patte de l'animal dans la blessure, afin de l'empêcher d'ensanglanter ses plumes en se débattant. Lorsque l'oiseau a cessé de vivre, on le dépouille de sa parure, et si les chevaux et les provisions le permettent, la chasse continue. »

La même méthode paraît être en usage au Cap. Voici, en effet, ce que raconte Sparrman :

« On m'a dit qu'un homme monté sur le meilleur cheval ne peut jamais atteindre les autruches lorsqu'elles partent, mais le chasseur doit cependant continuer sa course, ayant soin de ménager son cheval et l'empêchant de galoper trop vite, jusqu'à ce qu'il puisse encore apercevoir l'oiseau du sommet de quelque monticule. Alors l'autruche, qui l'a descendu en courant, se refroidit lorsqu'elle est en bas; ses articulations se roidissent, et elle manque rarement, au moins à la troisième course, de se laisser prendre en vie ou de rester sous le fusil du chasseur. »

Les Arabes du grand Désert s'y prennent tout autrement. M. le général Daumas nous a donné sur ce point, dans *les Chevaux du Sahara*, des détails pleins d'intérêt qu'il tenait d'un chasseur de profession. Nous ne pouvons faire mieux que de les reproduire, en les abrégeant toutefois considérablement.

Il y a dans le désert deux manières de chasser l'autruche : à cheval et à l'affût.

La vraie chasse est la chasse à cheval. C'est une excursion qui dure sept à huit jours. L'époque la plus favorable est celle des grandes chaleurs Une dizaine de cavaliers se réunissent. Chacun d'eux est accompagné d'un domestique monté sur un chameau, qui porte de l'eau, de l'orge pour le cheval, de la farine de blé, des dattes, une marmite et divers ustensiles. Le cheval a subi pendant sept ou huit jours un entraînement spécial. Le cavalier n'a d'autre arme qu'un bâton d'olivier sauvage ou de romarin, long de 4 ou 5 pieds et très-pesant à l'un de ses bouts.

« On se met en route le matin. Après un ou deux jours de marche, quand on est arrivé près de l'endroit où les autruches ont été signalées et qu'on commence à apercevoir leurs traces, on s'arrête et on campe. Le lendemain deux domestiques intelligents entièrement nus, sauf un mouchoir en guise de caleçon, sont envoyés en reconnaissance. Ils emportent une peau de bouc pleine d'eau pendue au côté et un peu de pain ; ils marchent jusqu'à ce qu'ils rencontrent les autruches. Dès qu'ils les ont aperçues, ils se couchent et observent; puis l'un d'eux demeure et l'autre va prévenir le goum.

« Les cavaliers, guidés par l'homme, marchent doucement du côté où sont les autruches. Arrivés au dernier mouvement de terrain qui les puisse cacher, ils mettent pied à terre. Deux éclaireurs vont en rampant s'assurer de nouveau que les oiseaux sont toujours au même endroit. S'ils confirment les premiers renseignements, chacun fait boire à son cheval, mais modérément, l'eau portée à dos de chameau. On dépose tout le bagage sur la place même où l'on s'est arrêté et sans y laisser de surveillants. Chaque cavalier porte à son côté une peau de bouc. Les domestiques et les

chameaux suivent les traces des chevaux; chaque chameau ne porte plus que le souper en orge du cheval,
son propre souper et de l'eau pour les hommes et les
animaux.

« Enfin, les cavaliers se divisent et forment un cercle
dans lequel ils cernent la chasse, à une très-grande
distance, de manière à ne pas être aperçus. Les domestiques attendent là où leurs maîtres se sont séparés,
puis dès qu'ils voient ceux-ci à leurs postes, ils marchent droit devant eux. Les autruches fuient épouvan-
tées; mais elles rencontrent les cavaliers, qui ne tà-
chent d'abord que de les faire rentrer dans le cercle.
L'autruche commence ainsi à épuiser ses forces dans
une course rapide, car dès qu'elle est surprise, « elle
« ne ménage pas son air. » Elle renouvelle plusieurs
fois ce manége, cherchant toujours à sortir du cercle,
et toujours revenant effrayée par les cavaliers. Aux
premiers signes de fatigue, les chasseurs courent sus;
au bout d'un certain temps, le troupeau se dissémine;
on voit les autruches affaiblies ouvrir les ailes. C'est
l'indice d'une grande lassitude; les cavaliers, certains de leur proie, modèrent leurs chevaux.

« Chacun s'assigne une autruche, se dirige sur
elle et finit par l'atteindre, et, soit par derrière, soit de
côté, lui assène sur la tête un grand coup de bâton...
L'autruche tombe; le cavalier s'empresse de descendre
pour la saigner, ayant soin de tenir la gorge éloignée
du corps, afin que le sang ne tache pas les ailes.

« Lorsque l'autruche est sur le point d'être atteinte,
elle est tellement fatiguée que si le chasseur ne veut

pas la tuer, il lui est facile de la ramener doucement, en la dirigeant avec son bâton; elle peut à peine marcher. »

On chasse l'autruche à l'affût lorsqu'elle a fait ses œufs, c'est-à-dire vers le milieu du mois de novembre. Cinq ou six cavaliers emmenant avec eux deux chameaux porteurs de vivres pour un mois au moins se mettent à la recherche des endroits où il est tombé de l'eau récemment. On se munit cette fois d'un fusil et d'une abondante provision de balles et de poudre.

Arrivés sur les traces de l'autruche, les chasseurs les observent avec soin; si elles se croisent en tout sens, si l'herbe a été foulée aux pieds et non mangée, l'oiseau, à coup sûr, fait son nid dans les environs.

« C'est le matin, pendant que la femelle couve, que les chasseurs vont creuser de chaque côté et à une vingtaine de pas du nid un trou assez profond pour contenir un homme. On le recouvre avec ces longues herbes si connues dans le Désert, de manière que le fusil seul paraisse. Dans ces trous se logent les deux meilleurs tireurs.

« A la vue de ce travail, la femelle effrayée court rejoindre le mâle, mais celui-ci la bat et la force de revenir à son nid. Si l'on faisait ces préparatifs pendant que le mâle couve, il irait trouver la femelle et on ne rencontrerait ni l'un ni l'autre.

« La femelle revenue, on se garde bien de l'inquiéter; il est de règle de tuer d'abord le mâle. On attend donc son retour du pâturage; vers midi, il arrive et le chasseur s'apprête. L'autruche, en couvant, étend les ailes de manière à couvrir tous les œufs; dans cette position elle a replié sur ses jarrets ses cuisses extrêmement saillantes; cette circonstance est bien favorable au tireur : il ajuste toujours de manière à casser les jambes de l'animal, qui blessé partout ailleurs aurait encore des chances de se sauver.

« Aussitôt l'autruche abattue, on court à elle et on la saigne. Les taches de sang sont recouvertes de sable et le corps de l'oiseau est soigneusement caché. »

Au coucher du soleil, la femelle revient : l'absence du mâle ne l'inquiète pas, elle le croit au pâturage et se met à couver. Elle est tuée par celui des deux chasseurs qui n'a pas fait feu sur le mâle..

On tire encore l'autruche lorsqu'elle va boire. Les chasseurs font simplement un trou près de l'eau, s'y embusquent et tirent l'animal qui vient se désaltérer.

Les Arabes du Sahara disent d'une bonne affaire : « C'est comme la chasse à l'autruche. »

Bruce raconte que ceux du Fazolp chassent l'autruche avec des chiens; ils s'en emparent, morte ou vive, quand l'oiseau poursuivi sans relâche tombe de lassitude.

C'est à la ruse qu'à l'autre extrémité de l'Afrique, les Bushmen ont recours. Ils se déguisent en autruches. Ce déguisement, dit un voyageur, se compose d'une espèce de selle dont le dessous est garni de plumes d'autruche, de manière à imiter le corps de l'oiseau; d'un cou et d'une tête d'autruche empaillés. Le chasseur commence par se peindre les jambes en blanc; puis il place sur ses épaules la selle de plumes,

et saisissant de la main droite la partie inférieure du
cou, de la gauche il porte son arc et des flèches empoi-
sonnées. « J'en ai vu, dit notre auteur, qui imitaient
si parfaitement l'autruche, qu'à quelques toises de
distance, il était impossible de découvrir la fraude. Cet
oiseau humain a l'air de brouter le gazon, il tourne la
tête en regardant de côté et d'autre d'un air d'intelligence, secoue ses plumes, marche et court alternativement, jusqu'à ce qu'il arrive à une portée d'arc du
troupeau, et quand les autruches prennent la fuite en
voyant l'une d'elles atteinte d'une flèche, il fuit avec elle.
Quelquefois les autruches mâles donnent la chasse à ce
singulier oiseau ; alors il manœuvre pour les éviter, en
ayant soin qu'elles ne puissent pas le flairer ; car du
moment où il se trouve placé de manière à affecter leur
odorat, le charme est rompu. Alors il ne lui reste plus
qu'à jeter sa selle et à fuir au plus vite pour éviter un
coup d'aile qui le terrasserait à l'instant. »

CROCODILES ET CAÏMANS

<hr>

I. La scène et les acteurs.

Il y a trois genres ou sous-genres de crocodiliens : 1° le *caïman*, nommé aussi *alligator*; 2° le *crocodile*, et 3° le *gavial*.

Le caïman ou alligator se reconnaît à ceci : lorsque la bouche est fermée, la quatrième dent de la mâchoire inférieure s'enfonce dans un trou de la mâchoire supérieure. (Cette disposition existe des deux côtés du corps et les dents sont comptées d'avant en arrière.)

Chez le crocodile, au lieu du trou dont il vient d'être question, il n'y a plus qu'une échancrure, de sorte que la quatrième dent inférieure reste visible lorsque la bouche est fermée.

Enfin chez le gavial, la mâchoire supérieure est creusée de chaque côté, non point d'un trou comme chez le caïman, ou d'une échancrure comme chez le crocodile, mais de *deux échancrures* dans lesquelles se logent la première et la quatrième dent inférieure. En outre, le gavial a des mâchoires très-étroites, très-allongées et qui forment une sorte de bec plus ou moins cylindrique.

Vous voilà maintenant en mesure, si jamais vous rencontrez un crocodilien sur votre route, de reconnaître à quel genre vous avez affaire : caïman, crocodile ou gavial.

Les caïmans habitent l'Amérique ; les gavials habitent l'Asie ; les crocodiles habitent l'Amérique, l'Asie, l'Afrique et l'Océanie.

Tous habitent les régions chaudes, quelques-uns même, en Floride, des eaux thermales, presque bouillantes ; la plupart vivent dans les eaux douces des fleuves et des lacs. Un petit nombre fréquente la mer. L'Europe et la Nouvelle-Hollande en sont exempts.

II. Recensement.

Le comte de Forbin, dans son *Voyage à Siam*, dit qu'on en voit « bon nombre aux environs de Bangkok. »

« Les rivières de Java, tant à leur embouchure que dans l'intérieur des terres, sont infestées, dit Thunberg (*Voyages au Japon*), de crocodiles d'une taille monstrueuse. Souvent, dans mes promenades botaniques, je les voyais endormis au soleil. »

Une relation récente constate que les rivières et les lacs de Ceylan sont peuplés de crocodiles ; « leurs têtes hideuses sortent de l'eau par groupes de dix ou douze. »

Ils sont très-communs à la Jamaïque. La Condamine a vu une multitude de caïmans longs de 12 et de 15 pieds, et de plus longs encore sur la rivière de Guayaquil : les uns étendus sur la vase au soleil, les autres flottant sur l'eau et semblables à des troncs d'arbre couverts d'une écorce raboteuse et desséchée. Ils abondent dans l'Amazone, dans l'Oyapoc, dans la baie de Vincent Pinçon et dans les lacs de cette région, au point que, d'après une note communiquée à Lacépède, ils gênent par leur multitude la navigation des pirogues. Un voyageur, M. de la Borde, raconte que, longeant en canot les rivages orientaux de l'Amérique méridionale, il rencontra une douzaine de gros caïmans à l'embouchure d'une petite rivière dans laquelle il voulait entrer. Comme ces animaux obstruaient le passage, on tira plusieurs coups de fusil dans l'espoir de les écarter ; ce fut inutilement, et le narrateur dut attendre pendant près de deux heures qu'ils voulussent bien se retirer.

Passons en Afrique. Le voyageur hollandais Hamel (*Hist. gén. des voyages*) rapporte que les rivières de la Corée sont infestées de crocodiles. Bosman, dans la *Description de la Guinée*, dit qu'on en trouve dans tous les fleuves de ce pays et qu'il en a vu plus de cinquante en un seul jour, parmi lesquels il y en avait de 20 pieds de long. « Le crocodile, écrit M. de Golbéry dans ses *Fragments d'un voyage en Afrique*, se trouve dans presque toutes les rivières qui se versent dans la

Crocodiles étendus au soleil sur le sable.

mer entre le cap Blanc et le cap de Palmes et même dans un grand nombre de marigots. » Adanson en a vu jusqu'à deux cents à la fois sur la grande rivière du Sénégal, nageant de concert, et qu'on eût pu prendre pour des troncs d'arbre entraînés par les flots.

M. Du Chaillu décrit ainsi le spectacle que lui offrit l'Anengué, rivière du Gabon qui se jette dans l'Ogabay : « Nous entrâmes alors dans l'Anengué... Sa surface était couverte d'innombrables bancs de vase noire, sur lesquels grouillait une multitude incroyable de crocodiles. Il y avait là plusieurs centaines de ces monstres dégoûtants qui se chauffaient au soleil en pétrissant la fange, et se glissaient au fond de l'eau pour chercher leur pâture. Jamais je n'ai vu un plus hideux spectacle. Quelques-uns avaient au moins 20. pieds de long, et quand ils ouvraient leur horrible gueule, on eût dit qu'ils allaient avaler nos petites pirogues sans la moindre difficulté. »

Livingstone en a rencontré sur plusieurs rivières de l'Afrique australe. La quantité de ceux qui vivent sur le Liambye est « prodigieuse. » A chaque instant, écrit-il, on en voit sur les bancs de sable, où ils se chauffent au soleil.

Le voyageur qui remonte le Nil ne commence à en voir que dans la haute Égypte. M. Combes (*Voyage en Égypte, en Nubie*, etc.) rapporte qu'il rencontra au-dessus de Syout le premier qui se soit trouvé sur sa route. « Je venais à peine de m'embarquer, lorsqu'on me fit apercevoir un crocodile qui s'épanouissait au soleil. Il était comme affaissé sur le sable du rivage et semblait endormi. Cependant il releva la tête à notre approche et s'enfonça lentement dans le Nil. » D'après les gens du pays, ces animaux ne dépassent pas le Saïd, parce qu'un cheik vénéré leur a dit : « Vous arriverez jusque-là et vous ne franchirez pas cette barrière. » Mais, à partir de ce point, ils deviennent rapidement très-nombreux. On en jugera par ce petit paysage des environs de Kéneh : « Quelques-uns des palmiers qui avoisinaient la ville pliaient sous le poids d'énormes crocodiles suspendus à leurs branches, et qui se balançaient agités par le vent. Les chasseurs qui avaient fait une guerre heureuse à ces animaux redoutables, les laissaient sécher au soleil pour les offrir ensuite aux grands de la contrée. » Ayant dépassé Louqsor et se dirigeant sur Émeh, M. Combes note que : « Depuis Djirjeh, lorsque le temps était calme et le soleil ardent, les nombreuses îles de sable disséminées dans le fleuve étaient couvertes de crocodiles. Si les barques s'approchaient d'eux, ils rentraient dans l'eau lentement, et laissaient le temps de les observer à loisir. » Enfin, arrivé dans la haute Nubie, il écrit : « Le Nil était semé d'îlots couverts de pélicans ; sur quelques-uns on apercevait de monstrueux crocodiles endormis et qui se réveillaient à notre approche ; souvent au milieu du fleuve, on voyait s'élever les têtes de ces redoutables amphibies, qui disparaissaient sous les flots après avoir humé un peu d'air. »

En voilà assez pour rassurer, parmi ceux qui me lisent, les chasseurs dont le courage se contente mal d'exploits sans périls accomplis dans la banlieue de nos cités; de longtemps le gibier ne manquera à ceux qui entreprendront de purger la terre des monstres qui la souillent et qui l'oppriment.

III. Les mœurs.

Les crocodiliens vivent sur terre et dans l'eau. Mais l'eau est leur milieu de prédilection; ils nagent avec une extrême rapidité en s'aidant de leur queue puissante et comprimée. Cependant tous ne sont pas également aquatiques. Les caïmans le sont moins que les autres, les gavials le sont plus, ce qu'on pourrait deviner rien qu'à l'inspection des membres de derrière. Chez le gavial, en effet, les doigts des pieds de derrière sont palmés jusqu'à leur extrémité, et ces pieds sont dentelés le long de leur bord externe; ils sont évidemment destinés à faire fonction de nageoires, tandis que chez les caïmans, outre que cette dentelure n'existe pas, les doigts ne sont palmés que sur la moitié de la longueur.

Les fleuves qui débordent et dont les rives se couvrent de vase, les lacs marécageux, les savanes noyées: tels sont leurs séjours de prédilection. On dit que le gavial quitte parfois les eaux du Gange et qu'il s'aventure jusque dans la mer.

Tous sont carnassiers et d'une extrême voracité. Livingstone dit qu'ils ne vont généralement en chasse que la nuit. Du Chaillu rapporte que c'est le matin et le soir qu'ils vont à la recherche de leur proie; mais l'ensemble des faits montre clairement que l'appétit des crocodiliens peut parler à toute heure du jour ou de la nuit.

Cachés parmi les plantes aquatiques ou blottis dans la fange, d'autres fois immobiles à la surface de l'eau, ou nageant en silence semblables à des troncs d'arbre échoués sur la vase ou entraînés par le courant, ils attendent patiemment leur proie ou vont à sa rencontre, la gueule ouverte, inspectant du regard la nappe liquide et ses bords. « On ne le voit pas du tout remuer, dit le père Plumier ; on aperçoit bien qu'il a changé de place, mais d'une manière presque imperceptible, tant son mouvement est lent ; on le prendrait alors pour une pièce de bois flottante, comme cela m'est arrivé bien des fois. » Cette comparaison s'est présentée à l'esprit d'Adanson, de La Condamine, de tous les voyageurs qui ont vu des crocodiliens en liberté. La couleur de ceux-ci, leur forme allongée, leur immobilité, le silence qu'ils gardent, trompent leurs victimes. Les poissons constituent leur ordinaire : comme extra s'y ajoutent à l'occasion la plupart des animaux à poil ou à plumes qui viennent se reposer sur l'eau ou se désaltérer sur ses bords. Dès que le saurien aperçoit une proie, il plonge, se dirige vers elle entre deux eaux, et la saisissant par les pattes ou par le museau, il l'entraîne au fond des eaux. Suivant les expressions du missionnaire qu'on vient de citer, « le gibier, ne se méfiant de rien, se laisse approcher de si près, qu'il est gobé avant d'avoir élevé ses ailes pour s'enfuir. » Ils saisissent leurs aliments en faisant accomplir un grand mouvement à leur mâchoire supérieure ou plutôt à toute leur tête; fait avancé par Hérodote, nié par les anatomistes Perrault et Duverney et constaté par Geoffroy Saint-Hilaire. Le gros bétail n'est pas à l'abri de leur voracité. « Il est très-rare, dit Livingstone, qu'un troupeau de vaches traverse le Liambye sans que quelques jeunes deviennent la proie du monstre. » M. Du Chaillu fut témoin de la scène suivante : « Pendant que nous ramions le long des bords du lac, j'aperçus en avant de nous une jolie gazelle qui se mirait dans l'eau, dont elle puisait de temps en temps une gorgée. Je me tins prêt à tirer et nous avançâmes en silence. Mais au moment même où je levais mon arme, un crocodile sauta hors de l'eau, et prompt comme l'éclair, plongea de nouveau avec la pauvre petite bête[1] qui se débattait entre ses puissantes mâchoires. L'animal s'était si lestement emparé de sa proie, que lorsque je tirai il était trop tard. Je n'aurais jamais cru qu'une telle masse pût se mouvoir avec autant d'agilité. Les indigènes assurent que la gazelle est souvent la proie du crocodile, et quelquefois le léopard est surpris par lui. »

De même en Amérique, le caïman s'attaque au cougouar, qui est dans le nouveau monde le plus puissant de ses ennemis, et comme le dit la Condamine, une lutte entre ces deux monstres doit être un émouvant spectacle; le carnassier, connaissant l'endroit vulnéra-

---

[1] « Pauvre petite bête, » dit le chasseur qui se préparait à la tuer. Qu'on parle après cela des larmes du crocodile !

ble, plonge ses griffes dans les yeux du reptile ; celui-ci plonge entraînant le cougouar, qui, dit-on, se laisse noyer plutôt que de lâcher prise.

Les crocodiliens ne dévorent en général ces grosses proies qu'après les avoir noyées. « On n'oublie jamais le bruit qu'ils font en mangeant quand on l'a une fois entendu, » dit Livingstone.

Leur activité se ralentit durant les heures les plus chaudes du jour; ils se retirent alors entre les roseaux ou s'étendent sur le sable ou sur la vase. La Condamine rapporte qu'on en voit sur les bords de la rivière de Guayaquil et sur ceux de l'Amazone qui se chauffent au soleil pendant des journées entières. Étant en Éthiopie au-dessus de la cataracte de Senadaoui, M. Trémaux put examiner à loisir un crocodile qui faisait ainsi sa sieste étendu au bord de l'eau : « Profitant de son immobilité, je m'étais, dit-il, approché à la faveur d'un bouquet d'arbres. Quand ma curiosité fut satisfaite, je marchai droit à l'animal, qui, sans se déranger, souleva un peu sa grosse tête et parut à peine me regarder; je ne fus pas peu surpris de voir au pied du talus dans le lit même du fleuve et près du féroce amphibie, deux ânes qui paissaient paisiblement sans s'émouvoir de ce voisinage. Le crocodile qui, jusqu'à ce moment, ne m'avait guère semblé plus grand qu'un homme, me parut alors avec sa taille réelle, les ânes m'offrant un point de comparaison; il avait de 4 à 5 mètres de longueur. Quelques minutes après, l'énorme amphibie se glissa lentement dans l'eau, en soulevant lourdement ses pattes l'une après

Lutte entre le caïman et le congouar.

l'autre ; mais aussitôt qu'il fut engagé dans son élément favori, d'un puissant coup de queue il disparut comme un trait. »

Ce n'est en effet que dans cet élément qu'ils jouissent de toute la liberté de leurs mouvements ; mais plus d'une relation démontre qu'au moins en certaines saisons et dans certaines contrées, les crocodiliens, pour être moins actifs sur terre que dans l'eau, n'en sont pas moins capables d'aller fort vite sur un terrain uni, mais en ligne droite seulement, car les fausses côtes du cou, venant à se toucher dans les mouvements latéraux, empêchent ces animaux de se détourner facilement. De là une chance de salut pour ceux qu'ils poursuivent. Elle fut mise à profit, d'après l'*Histoire générale des voyages*, par un Anglais, aux trousses duquel s'était lancé « un monstrueux crocodile » sorti du lac de Nicaragua [1]. L'Anglais allait être atteint quand les Espagnols qui l'accompagnaient lui crièrent de quitter le chemin battu et de courir en zigzag. Il suivit ce conseil et s'en trouva bien.

Il est bien rare, d'après Livingstone, que le crocodile sorte de l'eau pour chercher sa pâture. Une fois cependant, sur les bords de la Zouga, il en rencontra un qui, quoique petit encore (un mètre environ), s'élança à sa rencontre et « le fit sauver dans une autre direction; mais, ajoute le voyageur, c'est un

---

[1] Était-ce bien un crocodile? y en a-t-il dans le lac de Nicaragua? C'est possible : il y en a un, le crocodile de Morelet, dans le lac Florès (Yucatan).

fait exceptionnel dont je n'ai pas entendu citer d'autre exemple.

Ces exemples ne doivent cependant pas être rares partout ; le comte de Forbin, dans son *Voyage à Siam*, rapporte que les crocodiles viennent quelquefois jusqu'auprès des maisons de Bangkok ; la Condamine nous montre les caïmans de l'Amazone entrant dans les cases des Indiens ; et Lacépède rapporte, d'après une note de M. de la Brosse, médecin à Cayenne, que dans l'Amérique du Sud, les lacs habités par les crocodiliens venant à se dessécher, ces animaux condamnés dès lors à une vie terrestre vivent de gibier pendant des mois entiers.

C'est lorsque le crocodile est à terre que se passe cette scène extraordinaire et charmante, racontée par Hérodote, traitée de fable par la plupart des modernes et qui n'a été définitivement acquise à la science qu'après que Geoffroy Saint-Hilaire en eut été témoin lors de son séjour en Égypte.

Pendant que le crocodile parcourt les eaux, des sangsues pénètrent dans sa gueule béante ; des fourmis, des cousins s'y introduisent pendant qu'il est à terre. La brièveté de sa langue le laisse désarmé contre leurs attaques. Mais un petit oiseau, un pluvier, le *Charadrius ægyptus*, lui vient en aide. Le monstre ouvre la gueule, l'oiseau y entre, cure les dents à coups de bec, nettoie les gencives, le palais et la langue ; puis cette besogne faite, il s'en va. « Le crocodile, — dit Élien, — profitant de ce service, en endure l'opération avec patience et reste immobile. De sorte que

le pluvier trouve un bon repas dans les sangsues, et le
crocodile jouissant de son secours, pense le bien ré-
compenser en restant tout à fait inoffensif envers lui. »

Aux Antilles, un autre oiseau, le Todier, rend aux
crocodiles de l'endroit le même service que le pluvier
au crocodile vulgaire.

Malgré leur voracité, les crocodiliens peuvent rester
longtemps sans manger ; pendant plusieurs mois, dit
Brown dans l'*Histoire naturelle de la Jamaïque*, et il
rapporte qu'on s'en est assuré en liant le museau à
plusieurs d'entre eux avec un fil de métal. Certaines
espèces passent une partie de l'année dans un sommeil léthargique. Le *Caïman à museau de brochet*, qui
habite l'Amérique septentrionale et remonte le Mis-
sissipi et ses affluents jusque vers le 32ᵉ degré, s'enfonce dans la boue quand vient le froid et passe toute
la saison rigoureuse dans l'engourdissement. L'éléva-
tion de température produit dans l'Amérique du Sud
le même effet que son abaissement dans l'Amérique du
Nord ; à Cayenne, à Bahia, dans les marais à demi
desséchés, des troupes de *caïmans à lunettes*, enfouis
dans la vase et dont on n'aperçoit plus que le dos, attendent dans un état léthargique le retour des pluies.
Des voyageurs disent qu'il y a des caïmans qui se
creusent au bord des marécages des trous dans lesquels ils se retirent pour dormir ce long sommeil.
Pline écrit que les crocodiles passent quatre mois d'hiver dans les cavernes ; cela était peut-être vrai des
crocodiles qui habitaient près du Delta ; aujourd'hui
les crocodiles du Nil ne s'engourdissent pas.

Tous les crocodiliens sont ovipares. La femelle dépose dans des trous qu'elle creuse sur le bord des eaux ses œufs entourés d'une coque calcaire. Livingstone installa un jour son foyer dans un de ces nids abandonnés et jonché de coquilles ; ce nid était situé à environ 3 mètres de la rivière Zouga, avec laquelle il communiquait par un large sentier. Ce voyageur a vu prendre soixante œufs dans un seul nid. Au même nombre s'élève la ponte du *caïman à lunettes*, qui habite Cayenne, et celle du *crocodile vulgaire* sur les bords du Nil. Ce dernier pond en février, l'autre en avril. Le crocodile vulgaire se borne à enterrer ses œufs dans le sable ; le *caïman à lunettes* les dépose entre un double lit de feuilles et de paille. Ces œufs ont à peu près la dimension de ceux de l'oie.

Ils ne couvent pas leurs œufs, quoique Pline dise le le contraire et prétende même que le mâle partage avec la femelle les soins de l'incubation. La chaleur solaire, et aussi dans certains cas celle qui résulte de la fermentation des matières végétales amassées autour des œufs, suffit pour conduire ceux-ci à bien. La femelle du crocodile vulgaire abandonne même ses œufs après les avoir enterrés, et à Saint-Domingue, celle du crocodile à museau effilé fait de même ; mais la femelle du caïman à lunettes (Guyane et Brésil) veille sur les siens : « Elle se tient toujours, dit M. de la Borde, à une certaine distance de ses œufs, qu'elle défend avec une sorte de fureur dès qu'on veut y toucher. »

Les œufs de ces reptiles ont en effet grandement

besoin de protection, ayant beaucoup d'ennemis. En Égypte la mangouste, en Amérique les singes, partout les oiseaux d'eau, les hommes en quelques lieux, en détruisent un grand nombre. Livingstone rapporte que les Barotsés et les Bayéyés, tribus de l'Afrique australe, sont très-friands d'œufs de crocodiles. Ils en mangent le jaune, rejettent le blanc, « qui ne se coagule pas. » — « A mesure, dit ce voyageur, que la population augmentera, les nids de ces odieux reptiles seront de plus en plus recherchés et l'espèce deviendra moins nombreuse. » Ainsi soit-il! Lacépède écrit qu'en Amérique les singes en cassent un très-grand nombre non-seulement pour les manger, « mais en quelque sorte pour le plaisir de se jouer. »

Même dans les espèces qui abandonnent leurs œufs aussitôt après la ponte, les soins de la maternité ne se bornent pas toujours à la nidification. Quand l'instinct l'avertit que ses œufs vont éclore, la femelle du *crocodile à museau effilé* retourne à son nid, déterre sa couvée et conduit ses petits à l'eau. Lacépède le nie; il a tort : le même fait se passe dans les contrées explorées par Livingstone. Les nègres affirmèrent même à ce dernier que la femelle aide ses petits à sortir de leur coquille; secours dont, comme on vient de voir, ceux du Nil bleu peuvent se passer. « Il me paraît assez utile, dit Livingstone, que leur mère vienne les assister à l'époque de leur naissance : car il s'agit pour eux, non-seulement de déchirer la membrane dont leur coquille est doublée, mais encore de les arracher d'une couche de terre de 0^m,10 d'épaisseur. »

Et c'est sans doute cette dernière circonstance qui nécessite l'intervention maternelle.

Les jeunes vont à l'eau dès l'instant de leur naissance. Ils se nourrissent d'insectes et de larves; mais les poissons voraces en font une grande destruction; on dit même que les petits crocodiles ne sont pas en sûreté auprès des gros. Pendant trois mois, dit-on, la femelle du *crocodile à museau effilé* nourrit et protège sa progéniture. Catesby, dans son *Histoire naturelle de la Caroline*, nous montre les jeunes crocodiles cherchant un refuge contre la voracité de leurs frères aînés dans les parties les plus épaisses des forêts marécageuses : « Ces bois aquatiques sont remplis d'animaux qui se mangent les uns les autres; on voit flotter à la surface des carcasses d'animaux à demi dévorés. » En embuscade sur les bords des lacs ou des fleuves habités par les crocodiles, le tigre dans l'Inde, le cougouar en Amérique, épient le moment où les jeunes sauriens s'approchent du bord, les saisissent de leurs puissantes griffes et les dévorent.

Livingstone raconte qu'arrivant un soir sur les bords de la Libaye, il mit en fuite deux couvées de crocodiles; ils avaient environ $0^m,25$ de long. Leur corps était marqué de brun et de vert pâle disposés par bandes alternatives; leurs yeux étaient jaunes. Ils se jetèrent sur des lances qu'on leur présenta, les mordirent avec fureur en jappant de la voix aiguë d'un jeune chien qui commence à aboyer.

Ajouté au témoignage de Caillaud, ce dernier fait, rapporté par un voyageur aussi véridique que Livingstone, suffirait pour résoudre une question controversée, celle de savoir si les crocodiles ont une voix. Le capitaine Jobson (*Hist. gén. des Voy.*) assure que ceux de la rivière de Gambie, nommés *bumbos* par les nègres, poussent des cris qui semblent sortir d'un puits et qu'on entend de fort loin. Catesby rapporte que les caïmans de la Caroline, au sortir de leur sommeil léthargique, font entendre des mugissements horribles. Bosc, qui a visité la même contrée, dit que les caïmans font le soir un tintamarre effroyable et qu'il a eu plusieurs fois l'occasion de l'entendre. M. de Courdinière, dans ses *Observations sur le crocodile de la Louisiane*, et M. de la Borde, dans les notes déjà citées, font des dépositions analogues. Ces témoignages ne peuvent être infirmés par ce fait d'ailleurs indéniable que, pendant un séjour de plusieurs années sur les bords de l'Orénoque, de Humboldt, entouré presque toutes les nuits de crocodiliens, n'a jamais entendu la voix de ces animaux.

Hérodote a dit avec raison que de tous les animaux qui sortent d'un œuf, le crocodile est celui qui atteint les plus grandes dimensions. Le crocodile vulgaire a communément de 3 à 4 mètres ; on en a vu de près de 9 mètres. Hasselquist en mentionne un de 10 mètres ; la taille du *caïman à lunettes* varie de 4 à 5 mètres ; celle du *caïman à museau effilé* atteint ce dernier nombre. Le *grand gavial* du Gange a de 5 à 6 mètres, et on dit qu'il peut aller jusqu'à 10 mètres. Leur accroissement est fort lent. Aristote pensait qu'il durait autant que la vie de l'animal ; on croit qu'il dure une vingtaine d'années. Un commandant de l'île Saint-Domingue, le vicomte de Fontange, garda pendant vingt-six mois des crocodiles qu'il avait vus sortir de l'œuf; leur taille n'était encore que de 20 pouces. On prétend que les crocodiles peuvent vivre un siècle.

Voyons maintenant les crocodiliens dans leurs rapports avec l'homme. Sur ce point important, les auteurs diffèrent singulièrement; peut-être arriverons-nous à les mettre d'accord.

IV. Le pour et le contre touchant la férocité des crocodiliens.

Dampier assure que les caïmans n'attaquent jamais l'homme, et qu'ils ne font de victimes que parmi ceux qui les provoquent et les irritent. Il lui est fréquemment arrivé de boire dans des étangs remplis de ces animaux, et quoiqu'ils se trouvassent alors très-près de lui, jamais ils ne lui ont fait aucun mal.

M. de la Borde dit qu'aux environs de Cayenne, les nègres prennent quelquefois des caïmans de 5 à 6 pieds de long, qu'ils leur attachent les pattes, et que ces animaux se laissent manier et porter sans menacer de mordre. Par excès de prudence, on leur lie quelquefois les deux mâchoires, ou on leur met une grosse lame dans la gueule. C'est bien mieux dans de certaines rivières de Saint-Domingue : l'animal poursuivi cache sa tête et une partie de son corps dans un trou; on lui passe un nœud coulant à une de ses pattes de derrière, et plusieurs nègres, tirant sur la corde, le traînent partout, jusque dans les maisons, sans qu'il témoigne la moindre envie de se défendre.

Bosc, voyageur en Caroline, s'accorde avec Dampier ; il a eu souvent des caïmans tout près de lui, jamais ils n'ont essayé de le mordre.

Audubon va plus loin : ces animaux sont si doux pendant l'été et l'automne, qu'on pourrait s'asseoir sur eux et s'en faire porter.

Voilà pour les caïmans ; passons aux crocodiles.

Corneille de Pengu, dans la relation d'un *Voyage aux Indes orientales*, racontait qu'on prit un crocodile long de 16 pieds et demi, large de 6 et demi, qui avait dévoré trente-deux personnes, et que son ventre ayant été ouvert, on y trouva un squelette humain.

Séba, qui reproduit cette histoire, la regarde comme impossible, et il ajoute que le crocodile, loin de dévorer l'homme, le craint au point de se sauver dès qu'il le voit, ou dès qu'il l'entend.

Bosman (*Histoire de la Guinée orientale*) est d'accord avec Séba : « Ils se couchent au soleil, sur le bord des fleuves, et quand ils aperçoivent un homme, ils en ont tant de frayeur, qu'ils se précipitent au fond de l'eau. »

Bosman n'a jamais entendu dire que ces animaux aient attaqué un homme ni même une bête.

Thunberg écrit : « La présence des crocodiles n'empêche pas les naturels de Batavia, aussi bien que les esclaves des deux sexes, de se plonger pêle-mêle, une ou deux fois par jour, dans les rivières ou dans les canaux. »

Forbin raconte que les crocodiles viennent quelquefois assez près des maisons de Bangkok : « Comme ils sont fort peureux, on tâche de les épouvanter en faisant du bruit, ou avec la voix, ou en tirant des coups de fusil. Le crocodile effrayé s'enfuit et se sauve au fond de l'eau. »

Le genre de sport qu'Audubon ne croyait pas impossible avec les caïmans, se pratique avec les crocodiles du Rio San Domingo (rivière de Sénégambie) d'après le sieur de Brue (*Hist. gén. des voyages*). Non-seulement les crocodiles de cette rivière ne nuisent à personne, mais encore « les enfants en font leur jouet, jusqu'à leur monter sur le dos et à les battre même sans en recevoir aucune marque de ressentiment. »

Pline rapporte de même que le crocodile fuit devant ceux qui le poursuivent, et qu'il se laisse même gouverner par les hommes assez hardis pour se jeter sur son dos.

Prosper Alpin raconte que les paysans égyptiens saisissaient un crocodile, lui liaient la gueule et les pattes, le portaient aux acheteurs, le faisaient marcher devant celui-ci après l'avoir délié; le rattachaient ensuite et l'égorgaient pour le dépouiller.

Enfin, un voyageur contemporain, M. Combes, écrit: « On a beaucoup exagéré la férocité du crocodile : je n'ai jamais vu un marinier hésiter à se jeter dans le fleuve, lorsque le cas l'exigeait. A chaque instant, on rencontre sur sa route des barques échouées que leurs équipages, dans l'eau jusqu'à la ceinture, s'efforcent de dégager ; de toutes parts, on aperçoit des enfants qui viennent remplir leurs cruches ou se laver sur les bords du Nil. »

N'oublions pas le gavial. Sa réputation n'était guère meilleure que celle des caïmans et des crocodiles. Les voyageurs modernes ont de même entrepris de le réhabiliter. D'après ces voyageurs, le gavial n'attaque jamais l'homme ni même les animaux.

Nous avons entendu les témoins à décharge, écoutons maintenant les autres.

La Condamine rapporte que les crocodiliens de l'Amazone saisissent quelquefois les Indiens dans leurs cases ou dans leurs canots.

Dans le Grambo, d'après un ancien voyageur, Jobson, les nègres redoutent à tel point les crocodiles qu'ils n'osent traverser ni à la nage, ni à gué, les rivières fréquentées par ces animaux.

On lit dans la *Description de l'île Célèbes* (*Hist. gén. des voy.*) que les crocodiles de la grande rivière de Macassar ne se bornent pas à faire la guerre aux poissons et qu'ils « s'assemblent quelquefois en troupes et se tiennent cachés au fond de l'eau, pour attendre le passage des petits bâtiments. Ils les arrêtent, et se servant de leur queue comme d'un croc, les renversent, se jettent sur les hommes et sur les animaux et les entraînent dans leurs retraites. »

Hasselquist (*Voy. en Palestine*) écrit que, dans l'Égypte supérieure, les crocodiles dévorent très-souvent les femmes qui viennent puiser de l'eau dans le Nil, et les enfants qui se jouent sur le bord du fleuve.

Geoffroy Saint-Hilaire rapporte qu'il n'est pas rare

de rencontrer, dans la Thébaïde, des Arabes à qui manquent soit un bras, soit une jambe emportés par les crocodiles.

Écoutons Livingstone : « Ils font chaque année beaucoup de victimes parmi les enfants qui ont l'imprudence de jouer au bord du Liambye quand ils vont chercher de l'eau. Le crocodile étourdit sa proie d'un coup de queue et l'entraîne dans le fleuve où elle est bientôt noyée... En général, quand un crocodile aperçoit un homme, il plonge et se dirige furtivement du côté où l'homme se trouve; quelquefois, néanmoins, il se précipite avec une agilité surprenante vers la personne qu'il a découverte, ainsi qu'on en peut juger par les rides qu'il imprime à la surface de la rivière... Une antilope que l'on chasse et qui prend l'eau dans les lagunes de la vallée Barotsé, un homme ou un chien qui vont y chercher leur gibier, ne manquent jamais d'être saisis par un crocodile dont ils ne soupçonnaient pas la présence. Il arrive souvent qu'après avoir dansé au clair de lune, les jeunes gens qui habitent les bords du fleuve vont se plonger dans l'eau pour se débarrasser de la poussière qui les couvre, et ne reparaissent jamais. On s'étonne de leur imprudence ; mais le fait est qu'ils n'ont pas plus le sentiment du danger qui les menace que le lièvre, tant qu'il n'est pas serré de près par le limier qui le poursuit. Quand ils échappent au monstre, ils n'ont pas eu le temps d'avoir peur, et ne font ensuite que rire de l'aventure ; pour moi, j'éprouve, en songeant au péril que j'ai couru en maintes circonstances, une terreur bien plus grande qu'au moment du danger. » Il raconte qu'un de ses compagnons franchissant à la nage un bras du fleuve, fut saisi par la cuisse et entraîné au fond de l'eau. Malgré l'horreur de cette situation, l'homme ne perdit pas la tête : par bonheur, il avait sur lui un petit javelot carré et barbelé; il l'enfonça derrière l'épaule du crocodile, à qui la douleur fit lâcher prise, et le nègre sortit de la rivière, portant sur la cuisse les marques profondes des dents du reptile.

Nous avons vu que, d'après M. Combes, on a beaucoup exagéré la férocité du crocodile, et il nous montre en effet les équipages des barques échouées, entrant dans l'eau jusqu'à la ceinture, et les femmes et les enfants venant remplir leurs cruches sur les bords du Nil. « Néanmoins, ajoute-t-il, les accidents sont rares, et il est aisé de comprendre que si les habitants de l'Égypte n'étaient pas rassurés par une longue expérience, ils ne se montreraient pas aussi confiants. » L'argument paraitra peu probant après ce que Livingstone rapporte de l'imprévoyance des riverains du Liambye, et le fait suivant va nous montrer la même insouciance du danger chez ceux du Nil, en même temps qu'elle nous montrera le crocodile à l'œuvre.

M. Trémaux était sur le Nil, dans le Soudan oriental, entre Sennaar et Lony. Plusieurs hommes, marchant sur le sable, halaient la barque; un bas-fond, rempli par l'eau du fleuve, se trouvant sur leur route, un d'eux prit la corde entre ses dents pour traverser ce bas-fond à la nage, tandis que les autres tournaient l'obstacle : « Soudain, j'entendis plusieurs voix crier en même

temps : « Il l'emporte ! il l'emporte ! » Un matelot criait :
« Le crocodile ! le crocodile ! » Un troisième : « Un fusil !
apportez un fusil ! » Jetant de côté les notes que j'écri-
vais, je saisis un fusil et sortis précipitamment de la ca-
bine. Regardant sur le point du fleuve où se portaient
tous les yeux, je ne vis qu'un cercle d'ondulations,
comme celui que produit un corps qui disparait sous
l'eau ; tous les haleurs criaient, gesticulaient et s'a-
vançaient prudemment dans le fleuve en se serrant
les uns contre les autres ; aucun n'osant se détacher
du groupe. Le docteur tendit la main vers mon fusil :
« Il faut faire du bruit, tirons, » dit-il. Je lui cédai le
fusil, et, saisissant le pistolet que j'avais à la ceinture,
nous fîmes feu. Un instant après, un homme reparaissait à la surface de l'eau, à demi suffoqué, gesti-
culant péniblement et trahissant une vive angoisse.
Le malheureux était à quelques pas en avant des haleurs ; mais aucun d'eux n'osait avancer pour lui porter
secours. Le docteur tira encore un coup de fusil au
hasard, dans l'eau, pour éloigner le monstre ; pendant ce temps, on poussait au plus vite la barque du
côté du patient, et nous lui jetâmes le bout d'une
corde, qu'il put saisir encore et à l'aide de laquelle nous
le tirâmes à bord. Il avait une jambe broyée.

« Le monstrueux amphibie, trompé par le ferdah
flottant de l'homme, l'avait, parait-il, atteint une première fois par l'extrémité du pied, qu'il avait enlevée ;
puis, lui saisissant une seconde fois la jambe jusqu'au
genou, il l'avait entrainé sous l'eau. C'est alors que le
crocodile, animal aussi poltron que féroce, épouvanté

par les détonations des armes à feu, par les agitations
et les cris des hommes, avait lâché sa proie, qui était
revenue sur l'eau.

« La blessure était considérable; l'articulation du
genou était broyée, les chairs du gras de la jambe,
fendues sur une grande longueur, s'étaient écartées et
laissaient voir l'os à nu. Les dents du monstre avaient
laissé de profondes traces. Depuis le pied jusqu'au
milieu de la cuisse, on en comptait sept ou huit de
chaque côté, dont chacune était assez ouverte pour recevoir trois doigts; d'autres étaient réunies par une
même déchirure. Un seul coup de la puissante mâchoire du crocodile paraissait avoir produit tous ces
désordres. »

Le malheureux fut porté à terre et resta étendu sur
le sable au soleil pendant qu'un homme se rendait au
village voisin pour y chercher du secours et des moyens
de transport. Loin de se plaindre : « Cela était écrit ! »
disait-il, et il remerciait Dieu de lui avoir sauvé la vie.
La barque reprit sa route.

Près de là, notre voyageur vit sur le sable les débris
d'un crocodile tué par les indigènes, qui lui repro-
chaient la mort de plusieurs d'entre eux.

Pendant quelques heures, les crocodiles furent à
bord l'objet de toutes les conversations : « Quelques-
uns de nos hommes qui étaient de Khartoum racontè-
rent que les abords de cette ville sont devenus très-
dangereux depuis quelque temps, et que beaucoup de
gens y ont péri. Les crocodiles rôdent près des endroits
où l'on vient puiser de l'eau, et si une personne, se

trouvant isolée, s'avance trop loin dans le fleuve pour y puiser un breuvage plus pur, elle court les plus grands dangers. »

Entre autres histoires, on en raconta une qui n'est pas sans analogie avec celle de ce crocodile contre la férocité duquel Séba croyait pouvoir s'inscrire en faux. La voici :

« Tout récemment une femme de belle taille, grande et grosse, sachant que les enfants et les femmes sont les principales victimes du monstre carnassier du Nil, crut probablement pouvoir compter sur sa belle prestance pour lui en imposer. Elle s'avança dans l'eau jusqu'à la cuisse; là, pendant que son outre se remplissait d'eau limpide, elle fut subitement renversée par un coup de queue du crocodile et emportée aussitôt. Cet événement rassembla sur la rive du fleuve un grand nombre de curieux, et quelques temps après on vit flotter sur l'eau un monstrueux crocodile ayant un ventre énorme qui l'empêchait de se tenir constamment sous l'eau. Alors on rassembla des barques et on vint l'attaquer. Le crocodile, peu agile dans cet état, plongeait, puis reparaissait bientôt à la surface, et, comme le fleuve était parsemé de barques, les hommes qui se trouvaient à sa portée lui plantaient leurs lances aux défauts de son armure d'écailles. On parvint à le tuer et à l'amener à terre; on s'empressa de l'ouvrir. L'animal, au moyen de sa grande gueule fendue jusqu'aux épaules, avait avalé sa proie tout entière. Et, ajoutaient les narrateurs, la victime de ce monstre n'avait que quelques meurtrissures; ses blessures étaient si faibles, qu'elle avait dû mourir étouffée dans le ventre du crocodile. On espérait même la voir revivre.

« A part quelques détails, — ajoute le narrateur, — le fond de ce récit me paraît vrai, car, non-seulement il fut affirmé par plusieurs personnes de notre barque ; mais je l'entendis raconter dans des termes à peu près identiques pendant notre dernier séjour à Khartoum. »

Pendant ce séjour, l'auteur fut témoin d'une autre catastrophe, qu'il rapporte en ces termes :

« De la fenêtre de la maison où nous étions installés sur le quai, j'étais occupé à observer le mouvement de ce port, ou plutôt de cette berge quelquefois animée. Un petit nègre d'une dizaine d'années avait été acheté à Kaçane par notre maître d'hôtel. Ce jeune garçon était debout sur le rebord de notre barque; une espèce de foulard de coton colorié venait de lui être donné par son maître. Tout joyeux d'un tel trésor, après l'avoir examiné en détail, l'enfant l'agita en l'air. Ce mouvement, qui attira mon attention, éveilla probablement aussi celle d'un crocodile, car le petit garçon ayant laissé tomber son foulard à l'eau, s'y précipita aussitôt pour le rattraper et ne reparut plus; l'eau fut subitement agitée, puis une série d'ondulations, que l'on aperçut dans la direction du milieu de la rivière, furent pour moi les seules traces de son enlèvement par le crocodile. Les matelots qui étaient sur la barque disent avoir vu cet animal près d'eux, et avoir reconnu sur l'autre rive où il se rendit aussitôt, les agitations produites par ses efforts en avalant sa proie. »

Je dois remarquer cependant que les crocodiles passent pour ne pouvoir avaler dans l'eau, et c'est ce que dit M. Milne Edwards dans ses *Éléments de zoologie*.

M. Trémaux raconte encore comme témoin oculaire un accident qui fut comique, mais qui eût pu aisément tourner au sérieux.

« C'était près de Chendy, à notre retour. L'un des Russes, domestique du colonel Kovalwski, était assis sur une couche de terre taillée à pic par le fleuve ; ses jambes pendaient dans l'eau ; il était occupé à laver ses pieds : tout à coup on le vit exécuter une cabriole en arrière, comme s'il eût été lancé subitement par un choc puissant ; il avait décrit un tour complet sur lui-même et se retrouvait assis sur le sol assez loin en arrière. Le crocodile avait rôdé sournoisement et à petits mouvements en avant de lui. En l'apercevant inopinément, l'homme n'avait pas eu le temps de se retirer ; un puissant coup de queue par lequel le monstre avait essayé de le jeter à l'eau n'avait abouti qu'à lui faire décrire la pirouette qu'on avait vue. »

Revenons à M. Combes, selon lequel on a beaucoup exagéré la férocité du crocodile. Cette opinion paraît s'accorder mal avec les sentiments qu'il exprime dans l'intéressant récit qu'on va lire.

C'était dans le désert de Wady-Halfa (basse Nubie); notre voyageur se rendait à Dongolah. On touchait à la fin du mois de ramadan. Dans la caravane dont M. Combes faisait partie, était un commerçant turc qui eût voulu se procurer à tout prix un mouton ou du moins une chèvre, qu'il aurait emportée sur l'un de ses chameaux, afin de l'immoler au moment où le croissant brillerait dans les cieux. « Mais, dit M. Combes, nous étions alors sur la rive déserte (du Nil), et il aurait fallu passer sur le bord opposé pour trouver des vivants.

« Le Turc remonta et redescendit le fleuve dans l'espoir de découvrir quelque radeau ; il appela à grands cris les habitants de l'autre rive, mais ses recherches et ses cris furent vains. Il s'adressa alors aux chameliers et leur promit une récompense s'ils voulaient consentir à traverser le Nil à la nage, et essayer de ramener un mouton avec eux. La sobriété est une vertu nécessaire dans le désert, mais il s'agissait de célébrer une fête, et nos conducteurs, en zélés musulmans, n'auraient pas mieux demandé que de pouvoir être agréables au voyageur zélé. Malheureusement les crocodiles étaient nombreux dans ces parages, et en se jetant dans le fleuve, on courait risque d'être dévoré par ces terribles animaux. On en fit l'observation au commerçant turc qui, loin de se laisser toucher par une considération aussi grave, proposa de nouveau une récompense assez forte pour tenter la cupidité des chameliers. Malgré le danger qui le menaçait, l'un d'entre eux, le plus âgé, se laissa séduire. Il se débarrassa de ses vêtements, et se précipita dans le Nil en poussant de grands cris. Il n'était pas encore à deux brasses du bord, lorsque vers le milieu du fleuve, un monstrueux crocodile éleva sa tête hideuse au-dessus des eaux, et replongea presque aussitôt : le nageur n'aperçut pas l'animal, mais son apparition n'échappa pas aux regards inquiets des autres chameliers. Debout sur le rivage, ceux-ci se hâtèrent d'appeler leur compagnon en lui signalant l'imminence du danger; nous étions tous dans la plus cruelle anxiété, craignant à chaque instant de voir l'imprudent devenir la proie du redoutable amphibie. Mais, grâce à Dieu, il n'en fut pas ainsi; au premier avertissement des chameliers, le nageur rebroussa chemin, et ce fut avec la plus vive satisfaction que je le vis regagner la rive, où il ne tarda pas à se trouver en sûreté. Il fut accueilli par les railleries du commerçant, qui regrettait peut-être l'horrible spectacle que l'apparition du monstre semblait nous promettre; mais, hors le commerçant, tout le monde félicita le Nubien d'avoir échappé à un aussi grand péril. Le crocodile reparut plusieurs fois à la surface du fleuve, et se laissa bientôt entraîner par le courant. »

Plus tard, à Khartoum, M. Combes fut témoin de faits qui durent le convaincre que les craintes éprouvées par lui, dans la circonstance qu'on vient de rapporter, n'étaient nullement hors de saison; mais comment concilier ces faits avec l'opinion exprimée par lui sur le naturel du crocodile?

« Je me promenais, dit-il, sur les bords du Nil bleu, pendant que plusieurs personnes se baignaient dans la rivière. Je m'étonnais de leur imprudence, mais les nageurs, rassurés par leur nombre et le bruit qu'ils faisaient, ne paraissaient pas éprouver la moindre inquiétude; cependant, au moment où l'on s'y attendait le moins, j'entendis pousser un grand cri, et un homme disparut. Les autres baigneurs, saisis d'effroi, regagnèrent le rivage avec précipitation, et jetèrent au milieu du fleuve tout ce qui se trouva sous leurs mains, en redoublant leurs clameurs; nous étions dans une anxiété mortelle, cherchant de tous côtés les traces de l'homme qui avait disparu ; en regardant avec attention, nous découvrîmes un léger sillon qui coupait le fleuve dans sa largeur, et, après un moment d'une attente cruelle, nous vîmes sortir sur la rive opposée un énorme crocodile, tenant dans sa gueule ensanglantée le malheureux nageur, qui ne donnait plus aucun signe de vie. A cette vue, les compagnons de la victime poussèrent des cris effroyables, dans l'espoir de forcer le monstre à abandonner sa proie; mais le crocodile, accroupi sur le rivage désert, et peu sensible à ce tumulte, broyait entre ses dents le corps étendu devant lui. On s'était procuré à la hâte quelques fusils, dont on fit une décharge sur le féroce animal; et, soit que les balles eussent atteint leur but, soit que le monstre effrayé par cette brusque détonation voulût se mettre à l'abri d'une nouvelle attaque, il replongea dans le fleuve, emportant les restes de sa victime, en présence d'une foule nombreuse accourue de toutes parts et qui suivait, haletante et consternée, les diverses phases de ce drame émouvant et terrible. Nous attendîmes encore quelque temps sur les bords du fleuve, mais le crocodile ne reparut pas, et nous nous retirâmes en silence. »

On a vu M. Combes se faire un argument contre la férocité attribuée au crocodile, de ce fait que les ma-

riniers ne craignent pas d'entrer dans le Nil, ni les
femmes et les enfants d'y puiser de l'eau et de s'y laver.
Que penserons-nous de cet argument quand nous ver-
rons notre voyageur lui-même, l'esprit encore rempli
de la catastrophe qui vient d'être racontée, se livrer
dans le Nil au plaisir de la natation? Écoutons-le :

« Quelques jours après ce cruel événement, je me
baignais moi-même dans le Nil avec le pharmacien de
Khartoum, ses esclaves et quelques Turcs qui s'étaient
joints à nous; nous avions choisi un lieu sûr ou du
moins réputé tel, et dans lequel on prétendait que les
crocodiles ne se montraient jamais; nous avions, en
outre, la prudence de ne pas nous éloigner des bords
du fleuve, afin de pouvoir, à la moindre alerte, regagner promptement la terre; et malgré les assurances
qu'on nous avait données, les esclaves jetaient des
pierres autour de nous et poussaient de grands cris
pour éloigner tout danger. Nous espérions, grâce à ces
précautions, être à l'abri d'une surprise; malheureusement, il n'en fut pas ainsi : un de nos compagnons,
ayant eu la témérité de s'avancer jusqu'au milieu du
fleuve, fut saisi par un crocodile au moment où il
nageait vers nous pour se rapprocher du rivage; il
poussa aussitôt un cri déchirant, en étendant ses bras
dans notre direction. Malgré le péril qui nous menaçait, nous nous élançâmes dans sa direction, et nous
le saisîmes assez à temps pour le disputer au monstre,
qui était sur le point de l'entraîner sous les flots. Une
lutte rapide s'établit, et nous crûmes un instant que
nous venions de remporter une victoire éclatante;

nous avions amené notre compagnon évanoui sur le
rivage, mais une traînée de sang qu'il laissait derrière
lui commença à nous effrayer, et après l'avoir entièrement retiré des eaux, nous nous aperçûmes avec
stupéfaction que le crocodile lui avait brisé la cuisse
et n'avait lâché prise qu'en emportant le membre dé-
taché du trône. Le pharmacien envoya à l'hôpital ses
esclaves noirs, qui revinrent bientôt avec un brancard,
sur lequel on déposa le blessé toujours évanoui. Nous
le fîmes transporter dans sa demeure, où nous le suivîmes accablés de tristesse ; et malgré les soins les
plus empressés, ce malheureux mourut trois jours
après, en proie aux douleurs les plus atroces. »

Je m'arrête. Comme on dit au palais, la cause est
entendue. En voilà assez pour qu'on puisse se faire
une opinion sur les crocodiliens. Avant de conclure,
il reste cependant un dernier fait à établir. Ce sera
l'objet du chapitre suivant.

V. De l'éducabilité des crocodiliens.

Les crocodiles élevés dans les temples de l'Égypte
se laissaient approcher et manier ; on les ornait de
bracelets et de pendants d'oreilles, et, ainsi parés, ils
tenaient discrètement leur place dans les cérémonies
religieuses. La nourriture abondante qu'ils recevaient
à titre de divinités explique cette mansuétude et cette
familiarité. Ils se laissaient volontiers desserrer les

dents par ceux dont ils savaient que l'intention était de
leur emplir la gueule.

Aristote a dit que le défaut de nourriture rend seul
les crocodiles très-dangereux, et ce qu'il a dit des
crocodiles est vrai de tous les crocodiliens. Il n'y a de
féroce en eux que l'appétit. Au reste, à part l'homme,
je ne sache pas qu'aucun animal (je parle des animaux
supérieurs, les seuls que nous connaissions un peu)
verse le sang pour le plaisir de le répandre, et le tigre
lui-même, malgré sa méchante réputation, ne fait pas
exception à cette règle.

Aristote a dit encore qu'il est aisé d'apprivoiser les
crocodiles et que pour cela il suffit de les bien nourrir;
rien de plus exact, et la recette réussit sur tous les
membres de la famille qui nous occupe. Nous avons
rapporté, d'après l'*Histoire générale des voyages*, en lui
laissant la responsabilité du fait, que sur les bords du
Rio San Domingo, en Afrique, les crocodiles sont de
si bonnes gens que les enfants, plus mal approvision-
nés que les nôtres en joujoux, remplacent par ces sauriens les chevaux mécaniques inconnus dans le pays.
On attribue cette humeur bonasse à ce que les crocodiles, grassement nourris par leurs concitoyens
nègres, en sont encore à savoir ce qu'on entend par
tiraillements d'estomac. Il y a à Pompéi, dans le
temple d'Isis, une peinture montrant une scène ana-
logue à celle (si ce qu'on vient de lire est exact) qui se
joue tous les jours sur les bords du San Domingo : des
enfants y sont représentés luttant avec des crocodiles;
sans doute on a voulu symboliser la confiance qu'inspi-

raient ceux de ces animaux qui, étant l'objet d'un culte, trouvaient dans les temples une table toujours servie. La Rome impériale a vu des crocodiles amenés dans ses murs par des habitants de Tentyre (moderne Denderah), jouer innocemment avec leurs gardiens. En des contrées primitives, visitées par Cook, des crocodiliens privés vivaient en famille avec leurs sauvages maîtres. M. de la Borde a rapporté à Lacépède qu'à Cayenne, des caïmans, nourris des restes abondants d'une bonne cuisine, poussaient l'amour de la paix jusqu'à laisser la vie sauve à des tortues placées dans le bassin où ils prenaient leurs ébats. On dit qu'au Boutan, aux Moluques, on en a fait une manière d'animaux domestiques, qu'on engraisse pour la table, et qui par cela même que leur embonpoint suit une progression croissante, sont aussi inoffensifs que des caniches. Ailleurs, c'est par ostentation qu'on les élève. A Séba, par exemple, sur la côte des Esclaves (Afrique), le monarque de l'endroit a dans ses jardins deux étangs remplis, non point de poissons rouges comme les bassins des Tuileries, mais de crocodiles, ce qui est moins bourgeois. Ce roi nègre, quoique barbare, a les mêmes goûts que quelques-uns de ces anciens maîtres du monde civilisé dont l'homme providentiel qui a nom César avait préparé la venue ; il se rencontre également avec le divin Héliogabale, qui lui aussi nourrissait des crocodiles, en confirmation de l'adage : « Qui se ressemble s'assemble[1]. »

[1] Scaurus, édile, est le premier Romain qui ait fait voir des

Tout cela prouve que les crocodiliens ne sont pas de pures machines, qu'ils se souviennent, se règlent sur les circonstances, et selon les temps et les lieux, peuvent se montrer très-différents d'eux-mêmes.

Mais le changement ne va jamais jusqu'à rendre méconnaissable le portrait assez ressemblant qu'Élien a tracé des crocodiliens en croyant ne peindre que le crocodile.

Ainsi s'exprime l'auteur grec : « Le crocodile, d'un naturel timide, méchant, fourbe et très-astucieux, déploie beaucoup d'ardeur et de finesse, soit pour enlever une proie, soit pour lui tendre un piége. Il frissonne à tout bruit; mais il redoute surtout les cris violents de l'homme. Malgré sa force, une attaque hardie dirigée contre lui le frappe de frayeur, etc. »

Cela posé, si nous ajoutons ou plutôt si nous rappelons que l'eau est le vrai milieu du crocodile, nous aurons, je crois, tout ce qu'il faut pour mettre d'accord les récits en apparence contradictoires des voyageurs et des naturalistes dont les dires ont été rapportés dans le chapitre précédent.

crocodiles au peuple-roi. Il lui en montra cinq; magnificence bien dépassée par la suite par Auguste, par Antonin et par l'empereur-soleil, ci-dessus nommé. Le clément Auguste poussa le luxe jusqu'à réunir dans le cirque de Flaminius, tout exprès rempli d'eau, trente-six crocodiles, sur lesquels il lâcha un nombre convenable de combattants, si toutefois les crocodiles ne furent pas lâchés sur les hommes.

VI. Tout le monde d'accord.

Et d'abord il faut mettre le gavial hors de cause. Il paraît bien certain qu'il a été diffamé par ceux qui en ont fait un anthropophage. Il suffit de voir son bec effilé pour douter qu'il s'en prenne jamais à une proie telle que l'homme. Tous les voyageurs modernes, en désaccord sur ce point avec leurs prédécesseurs, assurent qu'ils le respectent et qu'ils ont les mêmes égards pour les grands animaux. Mais en innocentant le gavial, ils chargent le crocodile. C'est celui-ci qui serait l'auteur des méfaits attribués au gavial. Déjà Élien avait fait la remarque qu'il y a dans le Gange deux sortes de crocodiles, les uns innocents, les autres cruels. Cette remarque est exacte. Les crocodiles innocents sont les gavials ; les cruels appartiennent à l'une ou à l'autre de ces deux espèces, sinon à toutes les deux : le *crocodile à deux arêtes*, et le *crocodile des marais*, qui habitent également le Gange.

Les gavials éliminés, un mot sur les caïmans. Sans doute ceux-ci ne peuvent pas être absolument acquittés; mais on s'accorde cependant à les regarder comme beaucoup moins dangereux que les crocodiles. C'est principalement sur ces derniers que porte la discussion. Passons donc aux crocodiles.

Remarquons en premier lieu qu'il y en a de plusieurs espèces. On se trompe infailliblement quand on étend au genre tout entier les observations faites sur telle ou telle espèce. Il y a des degrés en toute chose. Il se peut qu'une espèce soit très-dangereuse pour l'homme et qu'une autre le soit peu. Geoffroy Saint-Hilaire pensait qu'il y avait deux espèces de crocodiles dans le Nil : le *vulgaris* et le *suchus*, et cette manière de voir, après avoir été constatée par les naturalistes, a été adoptée par eux. Or, d'après Geoffroy Saint-Hilaire, le *suchus* ou *crocodile sacré* aurait été d'humeur bien plus familière que le *crocodile vulgaire*. Les voyageurs qui peignent en noir les crocodiles de la grande rivière de Macassar, et le *Sieur de Brue* qui peint en rose ceux du Rio San Domingo, n'ont point la prétention de faire le portrait de tout le genre. Les premiers constatent au contraire que les crocodiles « sont plus dangereux dans la rivière de Macassar que dans les autres rivières de l'Orient, » et le second écrit : « On a remarqué avec étonnement, dans la rivière de San Domingo, que les caïmans ou les crocodiles[1], qui sont ordinairement des animaux si terribles, ne nuisent ici à personne. » Enfin Livingstone, racontant les excès de ceux du Liambye, fait observer « qu'ils commettent plus d'excès que ceux des autres rivières. »

Avant d'accuser les voyageurs de se contredire les uns les autres, sur le chapitre du crocodile, il faudrait donc savoir si leurs récits s'appliquent à une même espèce ou à des espèces différentes.

Mais ce n'est pas tout, et les récits les plus opposés

---

[1] Crocodiles est le vrai nom. Jusqu'ici l'Amérique a le monopole des caïmans.

pourraient être également exacts alors qu'ils s'appli-
queront à des individus d'une même espèce, et on peut
aller plus loin, alors mêmé qu'ils s'appliqueraient au
même individu.

On conçoit, en effet, qu'un voyageur se fassé une
idée toute différente de l'espèce, suivant qu'il se sera
trouvé à portée d'un crocodile affamé ou d'un crocodile repu.

On dit qu'à certaine époque de l'année, les mâles
des crocodiles à museau effilé se livrent des combats
acharnés : j'imagine que leur rencontre peut être plus
désavantageuse dans ce moment-là que dans les
autres.

Et de même la femelle du crocodile à museau effilé,
qui fait si bonne garde autour de ses œufs et qui en-
toure ses petits de tant de sollicitude, doit être de toute
autre composition quand elle a sa progéniture à nourrir et à protéger, que lorsqu'elle ne connaît pas encore
ou ne connaît plus les soins de la maternité.

Autre chose est aussi de rencontrer un crocodile à
terre ou de le rencontrer dans l'eau.

Encore n'y a-t-il de règle générale à établir dans
aucun de ces deux cas.

On a vu dans les récits de MM. Combes et Trémaux
de grands crocodiles étendus au soleil, sur les bords
du Nil, se glisser dans le fleuve à l'approche de
l'homme. Par contre, on se rappelle ce jeune crocodile qui, dans le voisinage du Liambye, tint tête à Livingstone et le mit en fuite. Les femelles menant leurs
nouveau-nés à la rivière, et les crocodiles, que dans

l'Amérique du Sud le dessèchement des lacs condamne pendant plusieurs mois de l'année à mener la vie d'un animal terrestre, doivent être plus dangereux à terre en ces moments-là que lorsqu'ils n'y sont venus que pour faire leur sieste. D'où suit que, suivant l'espèce, le lieu, la saison, l'homme qui se trouve sur la route d'un crocodile sorti de son élément ordinaire peut courir des chances très-diverses.

Elles le sont tout autant si c'est dans l'eau qu'à lieu la rencontre.

Après l'accident arrivé à ce malheureux *haleur* qui eut la cuisse emportée, les matelots de la cange montée par M. Trémaux lui disaient : « Que le crocodile, lorsqu'il est à terre, n'attaque jamais l'homme et qu'il fuit toujours à son approche pour se jeter dans l'eau qui est son élément favori. » On vient de voir que si cela est toujours vrai sur les bords du Nil, il n'en est pas constamment de même ailleurs. Ils ajoutaient que, « même dans cet élément (l'eau), il n'attaque pas toujours l'homme ; » et ceci est exact.

En effet, le crocodile peut être rendu inoffensif de deux manières : soit qu'on lui apprenne à redouter l'homme, soit qu'on lui apprenne à l'aimer, si toutefois le crocodile est susceptible d'affection pour tout autre être vivant que pour ceux de sa famille.

Mais pourquoi non? Il sait apprécier les services que le pluvier lui rend et il s'en montre reconnaissant à sa façon crocodilienne, en ne rendant pas le mal pour le bien. Pourquoi des bienfaits répétés ne lui inspireraient-ils pas la même tolérance à l'égard de

l'homme ? Qu'il en soit ainsi pour les crocodiles cap-
tifs, la chose n'est ni douteuse ni extraordinaire ; où la
difficulté commence, convenons-en, c'est lorsqu'il s'a-
git d'expliquer par la même cause l'adoucissement
présumé des crocodiles jouissant pleinement de la
liberté des ondes. On a vu cependant que le voyageur
de Brue explique la douceur de ceux du Rio San Domingo par « le soin que les habitants prennent de les
nourrir et de les bien traiter. » J'avoue que cette explication ne me satisfait pas et que les habitants du Rio
me font l'effet de tourner dans un cercle vicieux. Il
semble que la pâture et les soins qu'ils prodiguent au
crocodile en poussant à la multiplication de l'espèce,
doivent avoir pour résultat de susciter nombre d'es-
tomacs inassouvis et partant dangereux. C'est pourquoi je regarde comme bien plus sûre l'autre méthode,
qui consiste à inspirer au crocodile une terreur sa-
lutaire.

Sa nature s'y prête et l'effet est immanquable. Ce
gros animal n'est pas courageux en proportion de sa
taille. Élien dit qu'il redoute les cris violents de
l'homme. On en a vu plus d'une preuve dans les anecdotes rapportées plus haut. Après avoir raconté l'accident arrivé au haleur, M. Trémaux ajoute : « Nos
hommes continuaient néanmoins à se jeter à l'eau au
besoin comme s'il n'était rien arrivé ; à nos observations ils répondaient qu'il n'y a pas de danger tant
qu'on reste dans le voisinage assez rapproché des
barques, ou quand les hommes qui sont à l'eau restent
groupés. » C'est-à-dire qu'il n'y a pas de danger quand

on s'agite et quand on fait du bruit. Ce qui s'explique par la poltronnerie du crocodile, poltronnerie qui n'infirme nullement sa voracité.

Si des coups de feu, des cris, des pierres jetées dans l'eau peuvent intimider le crocodile, le mettre en fuite, lui faire abandonner la proie qu'il tient déjà, à plus forte raison une guerre sérieuse lui retirera-t-elle l'envie de nuire. C'est le résultat qu'avaient obtenu les Tentyrites. « Les chasseurs, dit Élien, lui font une guerre si acharnée, que le fleuve délivré de ce brigand, s'écoule en ce pays dans une paix profonde ; aussi les riverains se livrent-ils avec sécurité à la nage dans ses eaux, et prennent-ils plaisir à cet exercice. »

Qu'au lieu d'empâter les crocodiles comme feraient les gens de San Domingo, ou de les pourchasser comme firent ceux de Tentyre, l'homme pousse la sottise jusqu'à regarder les crocodiles comme des dieux, et qu'il s'estime honoré d'être croqué par eux : ceux-ci ne refuseront jamais de lui accorder cette distinction. A Ombros, à Coptos, à Arsinoé, où cette superstition florissait, on ne pouvait « à son aise, ni se laver les pieds (dans le fleuve), ni puiser de l'eau, ni encore se promener sur les bords sans être toujours sur ses gardes. » (Élien.)

Qu'enfin l'homme ait négligé ou qu'il n'ait pas eu l'occasion de lui faire sentir sa force, le crocodile pourra encore faire fréquemment des victimes, et la Condamine pense « que la hardiesse de ceux de l'Amazone vient de ce qu'ils sont peu chassés. »

Il y a en outre une dernière distinction à faire entre

les crocodiles, suivant qu'ils ont déjà mangé de l'homme, ou qu'ils n'en connaissent pas encore la saveur. Ceux qui en ont mangé y prennent goût et deviennent excessivement dangereux. Le malheur et la honte de notre espèce sont qu'en beaucoup d'endroits, les hommes s'appliquent à donner au crocodile l'appétit de l'homme.

On raconta à M. Trémaux, que, « dans certains endroits habités par des crocodiles, on n'éprouve jamais d'accidents. Mais si le monstrueux amphibie, par suite d'une circonstance quelconque, a goûté à la chair humaine, l'endroit devient dès lors dangereux; car, non-seulement cet animal y a pris goût et guette sa proie, mais quelquefois d'autres la partagent et deviennent terribles pour l'homme. C'est donc toujours le même animal, ou, au plus, deux ou trois qui rendent certains endroits du fleuve redoutables. »

M. Combes ayant rapporté les cruels événements dont il a été témoin ajoute :

« Un habitant de Khartoum, à qui je demandais si de semblables malheurs se renouvelaient souvent, m'assura qu'avant l'arrivée des troupes égyptiennes, c'est-à-dire avant les horreurs commises par le defterdar [1], les crocodiles se montraient peu friands de chair humaine; mais depuis les noyades ordonnées par Mehemed-Bey, me dit l'homme que j'interrogeais, depuis que le Nil a charrié les cadavres de mes frères,

____

[1] Il s'agit ici de Mehemed-Bey, qui avait été gouverneur du Soudan quelque temps avant le voyage de M. Combes.

les monstres qui l'habitent se sont habitués à une nourriture substantielle qu'ils connaissaient à peine ; et aujourd'hui on s'expose à des dangers imminents en traversant le fleuve à la nage et même en se baignant sur ses bords. »

Ce defterdar ou gouverneur du Soudan, plus féroce, dit M. Combes, que les tigres et les lions dont il aimait à s'entourer, se faisait un jeu de la vie de ses semblables : couper les oreilles des vaincus, leur arracher les yeux avec un fer rouge, c'étaient ses délassements ; le pal était en permanence, et les nègres étaient livrés aux crocodiles du Nil. Il n'a manqué à cet homme atroce que d'exercer sa puissance sur un théâtre plus vaste et mieux en vue pour n'avoir rien à envier à la célébrité des plus fameux successeurs de César. Mehemed-Ali le rappela enfin, mais les crocodiles avaient pris des habitudes qu'ils ne pouvaient pas perdre en un jour, et que, grâce aux jellabs ou marchands d'esclaves, ils ont probablement conservées à l'heure où nous sommes. Voici à ce propos une des scènes rapportées par le voyageur qu'on vient de citer. C'était dans la haute Nubie : M. Combes venant de Khartoum et descendant le Nil, avait pris place à bord d'une cange frêtée par des jellabs et dont le chargement se composait d'esclaves. Laissons le témoin raconter ces horreurs :

« Un grand malheur était venu fondre sur les esclaves, déjà bien malheureux ; la petite vérole était à bord et faisait chaque jour quelques victimes ; nous étions toujours entassés les uns sur les autres, et dans cette cruelle position, le mal se communiquait avec une rapidité effrayànte. Les jellabs, impuissants à combattre les progrès du fléau, s'efforçaient de paraître résignés, et chaque fois que la mort leur enlevait un esclave, ils le jetaient dans le Nil en répétant sentencieusement : « *Miss Allah !* C'est la volonté de Dieu. » Les malades expiraient et se refroidissaient au milieu de leurs compagnons consternés : leurs maîtres, sous l'empire du fatalisme le plus insensé, ne faisaient rien pour dominer les terribles effets de la contagion ; on s'arrêtait moins qu'à l'ordinaire, les moribonds reposaient leur tète sur les genoux de ceux qui étaient encore sains et bien portants, et ces infortunés, suffoqués par la fièvre et qui auraient eu besoin de respirer un air libre et pur, passaient la plus grande partie de la journée et quelquefois de la nuit au milieu des miasmes délétères et des exhalaisons les plus funestes ; leurs cadavres, dispersés dans le Nil, servaient de pâture aux crocodiles, et ces monstres affamés suivaient notre cange, prêts à saisir les nouvelles proies qui ne se faisaient pas longtemps attendre...»

Ce n'est rien encore ; écoutez la suite :

« Le mal sévissait depuis quelques jours et ne paraissait pas devoir s'arrêter encore ; les jellabs, dont l'impassibilité désolante m'avait déjà révolté, se montraient quelquefois féroces ; lorsque les malades étaient dans un état désespéré, on n'attendait pas leur dernier soupir, et on les jetait dans le fleuve, où les crocodiles les dévoraient vivants. On ne saurait se faire une idée de la sombre douleur des esclaves à la vue de pareilles horreurs. J'étais moi-même en proie à une agitation inexprimable et, emporté par mon indignation, j'accablais ces marchands de reproches qui ne paraissaient pas les effleurer. Dans leur froide barbarie, ils ne comprenaient pas mes colères, et lorsque je les menaçais de dénoncer leur conduite indigne aux autorités locales, ils me répondaient avec insouciance qu'ils étaient libres sans doute de disposer de leur bien. »

Après de telles abominations, on éprouve le besoin de voir les droits de l'humanité défendus par une main énergique. Voici un trait qui reposera de ce qu'on vient de lire. M. Combes avait pour domestique un nègre nommé Hassan, plein de bonnes qualités, mais qui, étant de son pays, ne comprenait rien aux généreux emportements de son maître :

« Tous les Européens, — me dit-il un jour, au moment où je venais d'injurier les jellabs qui ne me gardaient jamais rancune, — portent un vif intérêt aux esclaves. Il y a quelques années, j'étais au service d'un Anglais qui visitait les antiquités de l'Égypte et du pays des Barabrahs. Entre la première et la seconde cataracte nous rencontrâmes une cange chargée d'esclaves que la petite vérole décimait comme celle-ci. Le voyageur anglais voulut les voir de plus près, et il offrit une somme d'argent au jellab pour qu'il lui fût permis de s'embarquer à son bord. La maladie exerçait d'affreux ravages ; les esclaves étaient pressés les uns contre les autres et l'on s'empressait de jeter dans le fleuve les cadavres encore chauds pour faire place aux vivants.

Le manque d'espace contribuait à augmenter le mal : alors qu'on était assuré qu'un malade était mortellement atteint, on s'en débarrassait au plus vite dans l'intérêt général. Un cas de cette nature s'étant présenté peu de temps après l'embarquement de mon maître, l'agonisant fut jeté dans le fleuve, et réveillé sans doute par la fraîcheur de l'eau, il poussa un léger cri, en étendant les bras vers nous ; mais il disparut presque aussitôt. L'Anglais, au lieu de faire des remontrances au jellab, se précipita brusquement sur lui et le lança tout étourdi dans le Nil. Ce jellab était un habile nageur ; il reparut bientôt à la surface du fleuve, et se dirigea vers la cange, l'injure et la menace à la bouche. Mais le voyageur, loin de se déconcerter, arma son fusil à deux coups, et déclara au nageur que s'il osait approcher, il lui briserait le crâne et l'enverrait rejoindre le malheureux esclave. Le marchand effrayé s'arrêta indécis, et voyant l'air froid et décidé de l'Anglais, il crut prudent de gagner le rivage et de suivre à pied sa cargaison, espérant que le terrible voyageur ne tarderait pas à se montrer plus raisonnable. Il nous rejoignit à la station ; l'Anglais s'était calmé et était rentré dans sa cange amarrée près de celle du jellab. Il feignit de ne pas faire attention à l'arrivée du marchand ; mais le lendemain, au moment du départ, il alla le trouver dans sa barque, lui signifia qu'il allait voyager à côté de lui jusqu'au Caire, et que s'il ne traitait pas ses esclaves avec plus d'humanité, il se chargerait lui-même de les venger. Nous mîmes à la voile en même temps que le jellab, et nous le suivîmes jusqu'au Caire. Malgré l'irritation et le vif mécontentement de leur maitre, les esclaves jouirent de quelque repos, et grâce à l'intervention brutale, mais énergique du voyageur anglais, on ne livra plus aux crocodiles que des cadavres refroidis. »

C'en est assez. Voyons maintenant l'homme dans son rôle ; celui de destructeur de monstres.

VII. A crocodile crocodile et demi.

Malgré son épaisse et dure enveloppe, le crocodile n'est pas invulnérable. Cette cuirasse a ses défauts ; les points faibles sont les yeux, la gorge, l'attache des pattes de devant, le ventre, et d'un coup de feu bien dirigé le chasseur en vient à bout. Exemple :

L'un des trois jellabs avec lesquels M. Combes voyageait était un fort habile tireur, et avec un simple fusil à mèche il avait déjà abattu deux pélicans dont les esclaves s'étaient régalés. Cependant il avait à plusieurs reprises vainement exercé son adresse contre les crocodiles assoupis sur les îles ou flottant sur le fleuve ; ses balles glissant sur les écailles des sauriens les avaient à peine effleurés. Enfin, un peu au dessus de Carari, il fut plus heureux.

Le vent, qui la veille contrariait la marche de la cange, s'était arrêté et le Nil roulait sans bruit vers la mer. « Au milieu de sa surface unie, nous apercevions depuis quelques instants, raconte M. Combes, un

énorme crocodile s'élevant par intervalles au-dessus
des eaux, la tête constamment tournée vers nous
comme s'il eût nagé à reculons : le jellab, qui s'était
posté à l'avant de la cange, l'observait avec attention,
et après avoir suivi et étudié ses mouvements, il l'a-
justa rapidement au moment où il se montrait : le coup
partit; l'animal fit un soubresaut et disparut sous les
ondes en laissant une large trace de sang. Notre barque, entraînée par le courant, eut bientôt dépassé la
place où le crocodile avait été frappé, et nous découvrîmes près de la rive une nouvelle traînée de sang;
le pilote, averti par cette indication, tourna la proue
vers la terre, et après une demi-heure de navigation le
long du rivage, nous vîmes sur la plage le monstre
étendu et expirant; nous débarquâmes aussitôt et nous
l'emportâmes à bord. »

Les nègres de la contrée qu'arrose l'Anengué chassent activement le crocodile, quelquefois au fusil, plus
souvent avec une espèce de javeline dentée; c'est à
l'attache des pattes de devant qu'ils visent. On se rappelle l'entrée de M. Du Chaillu dans cette rivière. Les
reptiles ne paraissaient nullement effrayés. Le voyageur fit manœuvrer la pirogue de manière à isoler le
plus gros de la troupe, et il lui logea une balle dans le
corps à l'endroit qu'on vient d'indiquer. L'animal culbuta lourdement, et après avoir battu l'eau quelques
instants, il s'enfonça dans la vase. Les autres tournè-
rent un instant vers lui leurs yeux hébétés, puis ren-
trèrent dans leur torpeur. Le chasseur en tira un second, qui s'enfonça comme le précédent; on ne les

prit ni l'un ni l'autre, les hommes ne se souciant pas
d'aller les chercher dans la boue noire.

Quelques jours après M. Du Chaillu prit part à une
grande chasse au crocodile. On partit sur des embar-
cations longues de 50 pieds, larges de 2 tout au
plus, à fond plat, d'un tirant d'eau presque nul et
dont les bords ne s'élevaient que de quelques pouces
au-dessus de l'eau ; les rameurs debout manient très-
habilement ces pirogues vacillantes. C'est dans cet
équipage qu'on pénétra au milieu des crocodiles. Les
uns nageaient, les autres étaient étendus au soleil sur
les bancs de vase ; aucun d'eux ne faisait attention aux
bateaux. M. Du Chaillu en tua deux ; l'un avait 18 pieds
de long, l'autre 20. On les fit entrer dans une pirogue
qui les amena au village.

Il y a en Égypte des gens assez hardis pour aller en
nageant jusque sous le crocodile, et lui percer d'un
coup de poignard la peau du ventre. C'est également
ce que font les nègres du Sénégal. « Un Lapot du fort
Saint-Louis s'en faisait tous les jours un amusement
qui lui avait longtemps réussi, — lisons-nous dans le
Voyage de Brue, — mais il reçut enfin tant de blessures dans ce combat, que sans le secours de ses
compagnons, il aurait perdu la vie entre les dents du
monstre. »

D'autres fois, dans le même pays, les nègres, surpre-
nant le crocodile dans des endroits où il n'y a pas assez
d'eau pour qu'il puisse nager, vont à lui armés d'une
lance et le bras gauche enveloppé d'un cuir de bœuf.
Ils l'attaquent à coups de lance dans les yeux et au go-

sier, lui mettent leur bras gauche dans la gueule, l'empêchent de la refermer et la tiennent ouverte jusqu'à ce que l'animal soit suffoqué ou jusqu'à ce qu'il expire sous leurs coups.

A terre, ils en viennent à bout plus aisément encore, comme on en peut juger par ce récit d'Adanson.

« Un de mes nègres, écrit-il, tua un crocodile de 7 pieds de long : il l'avait aperçu endormi dans les broussailles au pied d'un arbre, sur le bord d'une rivière. Il s'en approcha assez doucement pour ne le pas éveiller et lui porta fort adroitement un coup de couteau dans le côté du col, au-dessous des os de la tête et des oreilles, et le perça à peu de chose près de part en part. L'animal, blessé à mort, se repliant sur lui-même quoique avec peine, frappa les jambes du nègre d'un coup de sa queue, qui fut si violent qu'il le renversa par terre. Celui-ci, sans lâcher prise, se releva à l'instant, et afin de n'avoir rien à craindre de la gueule meurtrière du crocodile, il l'enveloppa d'un pagne, pendant que son camarade lui tenait la queue : je lui montai aussitôt sur le corps pour l'assujettir. Alors le nègre retira son couteau et lui coupa la tête, qu'il sépara du tronc. »

D'autres fois la ruse et les piéges remplacent l'attaque de vive force.

« En Égypte, dit Lacépède, on creuse sur les traces de cet animal démesuré un fossé profond, que l'on couvre de branchages et de terre. On effraye ensuite à grands cris le crocodile, qui, reprenant, pour aller au fleuve, le chemin qu'il avait suivi pour s'écarter de ses bords, passe sur la fosse, y tombe, et est assommé ou pris dans des filets. D'autres attachent une forte corde par une extrémité à un gros arbre ; ils lient à l'autre bout un crochet et un agneau, dont les cris attirent le crocodile, qui, en voulant enlever cet appât, se prend au crochet. A mesure qu'il s'agite, le crochet pénètre plus avant dans la chair ; on suit tous ses mouvements en lâchant la corde, et on attend qu'il soit mort pour le tirer du fond de l'eau. »

Ce dernier procédé est celui qu'emploient ou du moins qu'employaient les nègres de la Caroline contre les caïmans, sauf qu'ils attachaient l'appât et l'hameçon à un arbre par une chaîne de fer.

Ceux de la Floride se réunissaient au nombre de dix ou douze, abattaient un arbre, l'ébranchaient, le façonnaient en pieu, et saisissant le moment où le saurien était à terre, allaient au-devant de la bête, lui enfonçaient l'arbre dans la gueule, après quoi il ne leur était pas difficile d'en venir à bout.

C'est aussi d'un appât que, au rapport de Thunberg, se servent les Javanais. « Ils attachent un crochet de bois à l'extrémité d'une corde légèrement torse, et le garnissent d'un morceau de charogne. A peine le crocodile a-t-il avalé cet appât qu'il tâche inutilement de couper la corde ; elle se fourre entre ses dents ; en outre, le crochet qu'il a dans la gorge l'empêche de fermer la gueule, et des chasseurs bien armés fondent sur lui et le mettent à mort. »

Enfin, les Siamois prennent le crocodile de deux manières, que le comte de Forbin décrit en ces termes :

« Ils se servent, pour la première, d'un canard en vie, sous le ventre duquel ils attachent une pièce de bois de la longueur d'environ 10 pouces, grosse à proportion et pointue par les deux bouts. A cette pièce de bois ils lient une corde fine, mais très-forte, à laquelle sont attachés des morceaux de bambous, espèce de bois fort légers dont ils se servent en guise de liége. Ils mettent ensuite au milieu de la rivière le canard qui, fatigué par la pièce de bois, crie et se débat pour se dégager. Le crocodile, qui l'aperçoit, se plonge dans l'eau, vient le prendre par-dessous, et se prend lui-même au morceau de bois, qui s'arrête en travers dans son gosier.

« Dès qu'on s'aperçoit qu'il est pris, ce qu'on reconnait au tiraillement de la corde et à l'agitation du bambou, on fait le signal et l'on amène l'animal à fleur d'eau, malgré les efforts qu'il fait pour se débarrasser. Quand il paraît, les pêcheurs lui lancent des harpons : ce sont des espèces de dards dont le fer ressemble au bout d'une flèche ; ils sont emmanchés d'un bâton long d'environ 5 pieds. A ce fer qui est percé dans l'emboiture, est attachée une corde très-fine entortillée autour du bâton qui se détache du fer, et qui, en flottant sur l'eau, indique l'endroit où est l'animal. Quand il a sur le corps une assez grande quantité de harpons, on le tire à terre, où l'on achève de le tuer à coups de hache.

« Il y a une seconde manière de les prendre : ces animaux viennent quelquefois assez près des habitations ; comme ils sont fort peureux, on tâche de les épouvanter en faisant du bruit, ou avec la voix, ou en tirant des coups de fusil. Le crocodile effrayé s'enfuit et se sauve au fond de l'eau. D'abord, la rivière est couverte de balous[1], qui attendent de le voir reparaître pour respirer, car il ne saurait rester plus d'une demi-heure sans prendre haleine. A mesure qu'il sort, il paraît ouvrant une grande gueule ; alors on lui lance de toutes parts des harpons ; s'il en reçoit quelques-uns dans la gueule, à quoi les Siamois sont adroits, il est pris.

« Le manche du harpon qui flotte, attaché à une corde, sert de signal ; celui qui tient la corde connaît quand l'animal quitte le fond, il en avertit les pêcheurs, qui ne manquent pas, dès qu'il reparaît, de lancer encore de nouveaux harpons : lorsqu'il en a reçu suffisamment pour être amené à terre, on le tire et on le met en pièces. Cette seconde manière de pêcher est plus amusante que la première. »

[1] Bateaux.

FIN

TABLE DES GRAVURES

TABLE DES MATIÈRES

PARIS. — IMP. SIMON RAÇON ET COMP., RUE D'ERFURTH, 1.